U0176892

全钢附着式升降脚手架设计技术指南

刘红波　赵敬贤　陈再捷
梁　洋　岳兰芳　罗天寿　编著

天津大学出版社

TIANJIN UNIVERSITY PRESS

图书在版编目(CIP)数据

全钢附着式升降脚手架设计技术指南 / 刘红波等编
著. -- 天津 : 天津大学出版社, 2021.7
    ISBN 978-7-5618-7007-5

Ⅰ. ①全… Ⅱ. ①刘… Ⅲ. ①附着式脚手架－建筑设
计－指南 Ⅳ. ①TU731.2-62

中国版本图书馆CIP数据核字(2021)第153643号

出版发行	天津大学出版社	
地　　址	天津市卫津路92号天津大学内(邮编:300072)	
电　　话	发行部:022-27403647	
网　　址	www.tjupress.com.cn	
印　　刷	廊坊市海涛印刷有限公司	
经　　销	全国各地新华书店	
开　　本	169mm×239mm	
印　　张	13	
字　　数	312千	
版　　次	2021年7月第1版	
印　　次	2021年7月第1次	
定　　价	55.00元	

前　言

  20 世纪 90 年代初,高层、超高层建筑数量急剧增加,附着式升降脚手架的结构形式和种类随之不断发展,出现了全钢架等新产品,一大批企业也应运而生。近年来,随着相关标准的出台,附着式升降脚手架行业更加规范,其发展形势更是一路向好,但与之相对应的是,在附着式升降脚手架结构构件设计及验算方面缺少统一且规范的指导。

  本书结合工程实践经验,首先讲述全钢附着式升降脚手架的特点和分类,然后结合工程实例和设计标准,分别讲述如何从理论计算和模型创建的角度对脚手架走道板、立杆、水平支承桁架、主框架、导轨、附着支座、升降设备及连接等进行验算。本书紧密结合实际工程结构,并将计算原理讲解和具体实例分析相结合,力求让建筑施工企业的工程师更快地掌握全钢附着式升降脚手架的设计及验算过程;紧跟工程前沿技术,讲述了如何采用 ABAQUS、MIDAS 等分析软件进行全钢附着式升降脚手架构件的验算。

  本书由刘红波、赵敬贤、陈再捷、梁洋、岳兰芳和罗天寿共同编写,作者团队中既有高校的教授和附着式升降脚手架行业管理人员,也有工作在产品研发一线的工程技术人员。编者综合不同领域的相关经验,编制本书,希望能对从事附着式升降脚手架行业的人员有一定的参考。编者在编写本书的过程中参考了大量文献,在书末已集中列出,若有遗漏,敬请见谅。

  限于编者的学识,本书中定有不当或错误之处,敬请广大读者批评指正。

编者

2020 年 12 月

目 录

第1章 绪论

1.1 全钢附着式升降脚手架的定义及主要形式

全钢附着式升降脚手架是指架体构配件全部采用金属材料,由工厂加工制作,现场组装,通过附着支承装置附着于工程结构上,依靠自身的升降机构,随工程结构逐层升降,具有防倾覆、防坠落和同步控制等功能的脚手架,亦称集成附着式升降脚手架,本书中简称为"附着式升降脚手架"。

全钢附着式升降脚手架由竖向主框架、水平支承桁架、架体构架、附着支承装置、防倾装置、防坠装置、同步控制装置等组成,根据提升装置位置的不同,常见类型包括侧提升式附着式升降脚手架和中心提升式附着式升降脚手架,如图1-1和图1-2所示。

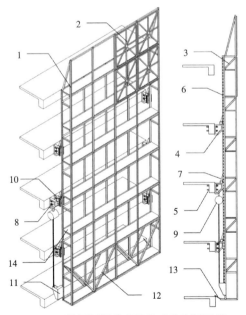

图 1-1 常见侧提升式附着式升降脚手架

1—竖向主框架;2—外防护网;3—刚性支撑;4—防倾、防坠装置;5—附着螺栓;6—导轨;7—停层卸荷装置;
8—升降支座;9—升降设备;10—附着支座;11—下吊点;12—底部水平支承桁架;13—封闭翻板;14—走道板

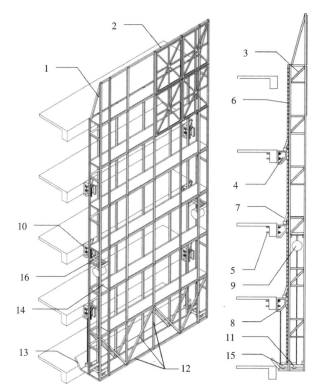

图 1-2　常见中心提升式附着式升降脚手架

1—竖向主框架;2—外防护网;3—刚性支撑;4—防倾、防坠装置;5—附着螺栓;
6—导轨;7—停层卸荷装置;8—升降支座;9—升降设备;10—附着支座;11—下吊点;
12—底部水平支承桁架;13—封闭翻板;14—走道板;15—滑轮组;16—上吊点

1.2　全钢附着式升降脚手架的发展

20 世纪 90 年代初,高层、超高层建筑数量急剧增加,附着式升降脚手架的结构形式和种类不断发展,出现了全钢架等新产品。附着式升降脚手架的发展历程可分为四个阶段:起步阶段、成长阶段、发展阶段、成熟阶段。

1. 起步阶段(20 世纪 90 年代初到中期)

20 世纪 90 年代初,高层、超高层建筑大量涌现,施工中存在综合成本高、劳动强度大、安全隐患多等问题,因此改良外架施工工具成为当时的迫切需要。在20 世纪 90 年代中期,建设部将"整体提升脚手架"作为第九个五年计划中的十大建筑产品之一进行推广。这为全钢附着式升降脚手架的发展铺设了一条平坦的道路,使这项技术越走越顺。

2. 成长阶段(20 世纪 90 年代中期到 21 世纪初)

由于高空作业存在较大风险,国家加强了附着式升降脚手架的研发和推广应用力度,并融入了更加严格的管理要求和指导方针。

1999 年 3 月 30 日,建设部以建标〔1999〕79 号文,颁发了包括附着式升降脚手架标准在内的《建筑施工安全检查标准》。

2000 年 10 月 16 日,建设部结束了四年的调研征集,以建建〔2000〕230 号文,正式颁发了《建筑施工附着升降脚手架管理暂行规定》,该规定第一次统一和规范了附着式升降脚手架的设计、制造和施工管理规则。

2001 年 4 月 18 日,建设部发布的(建设部令第 87 号)《建筑业企业资质管理规定》,又明确地将附着式升降脚手架施工列入了建筑业企业专项施工资质,进行规范管理。

3. 发展阶段(21 世纪初至 2010 年)

从 21 世纪初开始,附着式升降脚手架在国内各省区市得到了普遍的推广和应用。

2010 年 3 月 31 日,国家出台了附着式升降脚手架行业管理规则和制度,对设计、生产制造、安装统一制定了行业标准《建筑施工工具式脚手架安全技术规范》(JGJ 202—2010),同时也加强了监管力度。

4. 成熟阶段(2010 年至今)

2019 年 3 月 21 日,住房和城乡建设部发布的《建筑施工用附着式升降作业安全防护平台》(JG/T 546—2019),被批准为建筑工业行业产品标准,自 2019 年 12 月 1 日起实施。

目前,中国有很多附着式升降脚手架企业已从国内走向国际市场,发展形势一路向好,前途光明。不仅附着式升降脚手架行业蒸蒸日上,其相应的产业链条也逐渐形成规模,例如,传感器、电动提升机、电动葫芦、同步装置等配套装置的厂家以及零配件的加工制造厂家等。一个集研发设计、加工制作、安装施工、专业分包的系统性行业正逐步走向正轨。附着式升降脚手架无论从技术上还是管理上都在日趋成熟,并不断更新和进步。

1.3　全钢附着式升降脚手架的应用

随着高层、超高层建筑的数量急剧增加,我国高层建筑施工行业坚持"以人为本、安全发展"的理念,大力推广建筑施工机械化、装配化、标准化,附着式升降脚手架的快速发展和广泛应用,既符合国家低碳环保、节能减排的要求,又提高了高空作业人员的防护标准,保证了建筑施工安全,降低了高层施工综合成本。经过综合分析,附着式升降脚手架具有如下特点。

1. 先进性

传统钢管架搭设都是人工作业,而附着式升降脚手架采用电气控制系统来进行架体升降作业或安全控制,现场安装搭建过程中散搭散拆,占用施工场地少,省时省力。

传统附着式升降脚手架一般使用拉压力传感器来检测附着式升降脚手架系统的荷载,每个机位配备一个拉压力传感器,在架体上升或下降过程中监测各个机位的荷载。但是在附着式升降脚手架运行时,实际情况十分复杂,机位荷载并不能完全反映架体的安全状态。

随着相关技术的发展,业内开始利用建筑信息模型(Building Information Modeling,BIM)技术、物联网技术、单片机技术、智能传感技术,在附着式升降脚手架已有安全预防措施的基础上,对附着式升降脚手架进行智能安全监测与在线管理,通过传感器对防坠装置和停层卸荷装置进行实时在线监测,确保其进入工作状态,另外加入风压监测、视频监控、人脸识别、语音报警、安全交底等功能,进一步提升附着式升降脚手架的安全性,并提高附着式升降脚手架施工的管理水平。

2. 经济性

附着式升降脚手架一般适用于 18 层(50 m 高)以上建筑物,楼层越高其经济性优势越明显。据测算,与其他类型脚手架相比,其每栋楼的外架综合成本明显降低,可节省钢材用量 70%,节省用电量 90%,节省施工耗材 30%。

3. 安全性

附着式升降脚手架使室外作业变成车间作业;其在现场地面或底层组装,把高空作业变为低空作业;另外能将高层施工悬空作业变为架体内部作业,将人工作业变为机电遥控,极大限度避免了作业危险;全钢架四周形成相对封闭的整体围护结构,能有效防止高空坠物,避免衍生伤害。

4. 实用性

几乎所有高层、超高层、筒式建筑和造型比较复杂的建筑均可采用附着式升降脚手架。走道板上斜拉杆杆件很少,通透方便,人员通过便利无障碍,有利于工地文明施工,并且适用于不同气候地区,满足各种高层建筑物的外架施工需求。

5. 操作简单、使用方便

竖向主框架、刚性支撑、底部水平支承桁架均定型、定模数生产,运输方便、安装简捷,无须使用大量作业机械,也不需要大批料具和大量人力,还保护了产品,避免了因重复拆装、搬运造成的人员或机械损伤。

6. 机械化作业,效率高,易管理

由于附着式升降脚手架都是在车间制造,在现场组装(低空或室内作业),在高层使用,除组装外整个作业过程不占用塔吊时间,极大地提高了施工效率,降低了安全管理难度,还有利于现场文明施工。

第2章 基本要求和设计原则

2.1 架体结构基本组成

全钢附着式升降脚手架由竖向主框架、水平支承桁架、架体构架、附着支承装置、防倾装置、防坠装置、升降装置、同步控制装置等组成。

竖向主框架系统由导轨、竖向立杆、刚性支撑及其他连接件组成,向附着支承系统传导架体荷载,为架体的主要承力结构系统。

水平支承桁架由定型焊接的标准节和可调连杆组装而成,通过螺栓安装在架体的底部,是架体底部主要的受力结构,为架体上部提供主要的支承力,并承受竖向及水平荷载,将架体的荷载传导到竖向主框架上。

架体构架由脚手板、纵向水平杆、横向水平杆、架体立杆、刚性支撑、外防护网及其他连接件组成。外立面安全网片既要能有效降低风阻,又要美观大方。

附着支承装置由停层卸荷装置、附着支座、防倾装置、防坠装置和附着螺栓组成。使用状态下导轨通过防坠挡杆、停层卸荷装置将架体荷载传递给附着支座,再由附着支座传递给建筑结构。附着支座由固定导向座和可调节的导向滚轮座组成,固定导向座通过附着螺栓与结构固定,导向滚轮座通过螺栓固定在固定导向座的腰形槽上,可在前后方向调节与结构表面的距离,常见的附着支座结构如图2-1所示。

附着式升降脚手架的安全装置包括防倾装置和防坠装置。防倾装置与附着支座组装成导向件,再通过附着螺栓与建筑结构相连。升降时导轨与架体平台一起沿防倾滚轮上下运动,实现对架体的导向和防倾作用。导向滚轮座通过螺栓固定在固定导向座的腰形槽上,可在前后方向调节与结构表面的距离。导向滚轮座有四个滚轮,导轨的T形翼缘的两根立杆插在导向滚轮座中,四个滚轮分别约束导轨翼缘立杆,完成滚动滑套连接。

在使用或升降运行过程中,一旦发生意外,附着式升降脚手架很容易发生高空坠落而造成重大人员和设备事故。

目前广泛采用的摆块式防坠装置适用于格构轨道或具有类似结构的附着式

升降脚手架。它以速度变化为信号,实现机械自动卡阻,主要技术特征:通过摆块轴与固定在导向座上的轴座相连接,复位弹簧的两端分别连接在摆块与轴座上,导向座与由连接杆和竖向立杆构成的导轨之间为滑套连接,如图 2-2 所示。

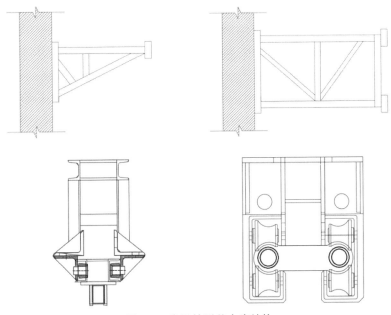

图 2-1　常见的附着支座结构

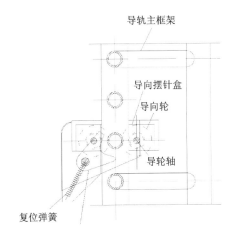

图 2-2　摆块式防坠装置

防坠摆块的工作原理:当导向座固定,导轨在导向座的约束下向下慢速运动时,运动中的导轨的连接杆进入导向座中并与摆块的底部接触推挤后,摆块将发生顺时针方向转动;当连接杆向下运动越过摆块的底部后,摆块在复位弹簧的弹力作用下,瞬间弹回复位,即摆块将发生逆时针转动;摆块将恢复到原来摆动前的初始状态,完成一次摆动,紧接着另一个连接杆又进入导向座中,重复以上过程,连接杆将不断地慢速向下进入导向座中,重复以上过程,多个连接杆将下降。常见的防坠器形式如图 2-3 所示。

图 2-3　常见的防坠器形式

升降装置由升降设备和升降支座组成,通过升降支座固定在建筑结构上,形成独立的提升体系。在脚手架整体提升过程中,其控制系统应确保实现同步提升并满足限载要求,由于同步和限载要求之间有密切的内在联系,不同步时荷载差别亦大,因此,也常用限载来实现同步升降的目标。同步及荷载控制系统应通过控制各提升设备间的升降差和各提升设备的荷载来控制各提升设备的同步性,且应具备超载报警停机、欠载报警等功能。

为使附着式升降脚手架各提升点受力平均,采用限载预警装置以保证其同步升降,该装置将由重力传感器和水平传感器采集到的架体升降时的荷载、高差的信号输入电脑,及时显示数据。超载时,该装置进行声光报警并自动调节升降高差;超限时,其全部自动停机。这一装置同时具备储存数据,打印数据供分析等功能。上述功能解决了附着式升降脚手架自动控制方面的难题。

2.2　构造措施

2.2.1　尺寸要求

附着式升降脚手架结构构造的尺寸应符合以下规定。

（1）架体结构高度不应大于 5 倍楼层高。

（2）架体宽度不应大于 1.2 m。

（3）直线布置的架体支承跨度不应大于 7 m，折线或曲线布置的架体中心线处支承跨度不应大于 5.4 m。

（4）水平悬挑长度不应大于 2 m，且不得大于跨度的 1/2。

（5）架体悬臂高度不得大于架体高度的 2/5 和 6 m。

（6）架体全高与支承跨度的乘积不应大于 110 m²。

2.2.2　导轨

导轨构造应符合以下规定。

（1）当选用槽钢形式的导轨时，不得小于 6.3# 槽钢，宜选用 8# 槽钢。

（2）当选用钢管形式的导轨时，圆管不得小于 ϕ48.3 mm（直径）× 3.6 mm（壁厚）；方管壁厚不得小于 3 mm。

（3）防坠挡杆间距应与防坠装置匹配，且不应大于 150 mm。

2.2.3　竖向主框架

附着式升降脚手架必须在附着支承装置部位设置与架体高度相等的与墙面垂直的定型的竖向主框架，竖向主框架应能与其他杆件共同构成有足够强度、刚度的空间几何不变体系。

竖向主框架结构构造应符合下列规定。

（1）竖向主框架可采用整体结构或分段对接式结构。结构形式应为竖向桁架式或门型刚架式等。各杆件的轴线应汇交于节点处，并应采用螺栓或焊接连接，如若不汇交于一点，那么必须进行附加弯矩验算。

（2）当架体升降采用中心吊时，在吊装悬挑梁行程范围内竖向主框架内侧水平杆去掉部分的断面，必须采取可靠的加固措施。

（3）对接处的连接构造强度不得低于杆件强度。

2.2.4   水平支承桁架

在竖向主框架的底部应设置水平支承桁架，其宽度与主框架相同，平行于墙面，其高度不应小于 600 mm，用于支承架体构架，其结构构造应符合下列规定。

（1）桁架各杆件的轴线应相交于节点上，架体构架的立杆底端必须放置在上弦节点各轴线的交会处，并宜用节点板构造连接，节点板的厚度不得小于6 mm。

（2）桁架上、下弦应采用整根通长杆件，或于跨中设一拼接的刚性接头。腹杆上、下弦连接应采用焊接或螺栓连接。

（3）当水平支承桁架不能连续设置时，局部可采用脚手架杆件进行连接，但其长度不得大于 2.0 m，并且必须采取加强措施，确保其强度和刚度不低于原有桁架。

2.2.5   附着支座

附着支座构造应符合下列规定。

（1）附着支座采用附着螺栓与建筑结构连接，每个附着支座应设有 2 个及 2 个以上附着螺栓，受拉螺栓的螺母不得少于 2 个，螺杆露出螺母应不少于 3 扣和 10 mm，垫板尺寸应由设计确定，且不得小于 100 mm × 100 mm × 10 mm。

（2）附着支座支承在建筑物上连接处混凝土的强度应按设计要求确定，但强度等级不得低于 C15。

2.2.6   脚手板、翻板

脚手板、翻板构造应符合下列规定。

（1）脚手板应具有足够的强度、刚度和防滑功能，且不得有裂纹、开焊、硬弯等缺陷，板面挠曲不得大于 12 mm，任一角翘起不得大于 5 mm，厚度不应小于 1.8 mm。

（2）如采用金属板网,其网孔内切圆直径应小于 25 mm。

（3）在架体底层、防护层应设置翻板,其承载能力不得低于 3 kN/m²;翻板一侧与架体金属脚手板可靠连接,另一侧应搭靠在建筑结构上,当无法搭靠时应采取防下翻加强措施,底部翻板应铺设严密,防护层翻板除预留不影响架体正常升降的洞口外,其余部位密封严密。

2.2.7　外立面防护网片

外立面防护网片（简称外防护网）应符合下列规定。

（1）架体外防护网应采用钢板网,厚度不得小于 0.7 mm,孔径不得大于 6 mm,应在承受 1.0 kN 偶然水平荷载的作用时不破坏。

（2）钢板网应与架体主要受力杆件紧固连接,应设有金属加强框。

2.2.8　防倾装置

防倾装置的设置应符合下列规定。

（1）防倾装置中应包括导轨和两道以上与导轨连接的可滑动的导向轮,附着支承装置上的防倾导向轮不少于 4 个。

（2）在升降工况下,最上和最下部位的防倾导向轮之间的最小距离不应小于 2.8 m 或架体高度的 1/4;在使用工况下,最上和最下部位的防倾导向轮之间的最小距离不应小于 5.6 m 或架体高度的 1/2。

（3）防倾装置宜与附着支座集成一体,防倾导向轮与导轨之间的间隙应小于 5 mm。

2.2.9　防坠装置

防坠装置必须符合下列规定。

（1）防坠装置应设置在附着支座处,每一升降机位不得少于一个防坠装置,且在升降和使用工况下均必须有效。

（2）当升降机位仅配备一套防坠装置时,附着支座、升降支座必须独立设置,分别在建筑物上进行固定,严禁利用附着支座悬挂提升设备。

（3）防坠装置应采用机械式的全自动装置,严禁使用每次升降需要手动复位的装置。

（4）防坠装置应具有防尘、防污染的措施,并应灵敏可靠和运转自如。

（5）防坠装置的技术性能除应满足承载能力要求外,还应符合表 2-1 中的规定。

表 2-1　防坠装置制动距离要求

防坠结构形式	制动距离
卡阻式防坠装置	≤150 mm
夹持式防坠装置	≤80 mm

（6）防坠装置与升降设备必须分别独立固定在建筑结构上。

2.2.10　升降装置

附着式升降脚手架必须在每个竖向主框架处设置升降装置。

（1）升降设备宜采用电动葫芦或电动液压设备。升降设备、同步控制装置应有独立铭牌,标明产品型号、技术参数、出厂编号、出厂日期、标定日期、制造单位等。

（2）钢丝绳、索具应符合现行国家标准《钢丝绳通用技术条件》（GB/T 20118—2017）、《重要用途钢丝绳》（GB 8918—2006）、《钢丝绳用普通套环》（GB/T 5974.1—2006）的规定。

（3）上、下吊点应设置在竖向主框架上,且吊点位置与竖向主框架中心线水平距离不得大于 500 mm。

（4）升降支座应采用不少于 2 个螺栓与建筑结构连接,升降支座挂点应采用闭孔构造。

（5）升降设备宜选用低速环链电动提升机或电动液压升降设备,同一栋楼应采用同厂家、同一规格型号的设备且保证设备运转正常。

（6）升降设备应具有防尘、防污染的措施。

2.1.11　架体结构在以下部位应采取可靠的加强构造措施

（1）与附着支座的连接处。

（2）架体上升降装置的设置处。

（3）架体上防坠、防倾装置的设置处。

（4）架体吊点设置处。

（5）架体平面的转角处。

（6）架体因碰到塔吊、施工电梯、物料平台等设施而需要断开或开洞处。

（7）架体临时固定点设置处。

（8）其他有加强要求的部位。

2.3　设计要求

附着式升降脚手架主要受力杆件的设计必须满足可靠性、保险性、限控性和保护性的要求。

1. 可靠性设计

附着式升降脚手架结构设计的首要问题便是解决结构在受力后的安全问题,需要综合考虑结构在广义荷载组合下对结构设计的影响,同时也要考虑诸多引起结构内力重分布的因素,从结构的最不利工况来考虑结构设计,使结构的强度、耐久性和可靠性满足要求。其基本要求如下。

（1）必须考虑结构的承载能力极限状态和结构的正常使用极限状态,也要考虑结构变异对结构的影响,即使遇到一些不可预测的故障,如附着支承装置失效,电动葫芦发生断轴或断链,结构也不会出现破坏,不会发生较大的工程事故。

（2）按最不利使用条件设计计算,充分考虑可能出现的荷载和应力变化情况。

（3）处理好相互关联和影响的各个环节及其细节,最大限度地消除或减少可能造成安全隐患的各种不安全状态、不安全行为、事故的起因物和致害物。

（4）对各项设计中技术的成熟程度,包括理论、试验和经验依据做出判断,对依据不足的部分采取较为保守的处置措施。

2. 保险性设计

保险性设计的要求是,当附着式升降脚手架在工程活动中因诸多不可预测因素而导致结构发生失稳时,对结构及施工人员起到安全防护作用。这些不可预测因素是可靠性设计所不包括的,对于这一要求,目前主要有两项。

（1）为制止因架体结构发生坠落造成重大工程事故而设置的结构防坠装置,这是事故发生以后最有效的防护措施。

（2）为预防事故发生而进行的停工检查措施,无论是在结构施工前,还是在工程施工中,一旦有异常情况出现,就要进行结构检查,确保工程活动的安全进行,避免发生事故。

3. 限控性设计

限控性设计的目的是在设计、使用的条件方面给出明确限制或控制的规定以确保附着式升降脚手架的安全使用。对诸如结构构造、荷载作用、计算方法、计算简图、结构的使用范围和操作技术中需要限制和控制的方面给出一定的规定,包括非常严格规定、一般严格规定和具有一定弹性范围的规定,这是在设计方面和施工方面做出的限控性要求。

4. 保护性设计

保护性设计是针对工程活动中由于出现意外工程事故而对人和物进行保护的设计。附着式升降脚手架结构外防护结构的设置就是针对保护性设计而采取的措施,对建筑施工的安全防护,其效果还是很明显的。除此之外,建筑施工中的保护性设计不仅包括结构的保护性设计,还应该包括施工过程中对事故影响下的相关人员采取的安全撤离措施、防止事故扩大化的措施和解决危险状态的措施。

2.4　计算原则

2.4.1　强度计算

1. 架体和附着支承装置设计计算

对于架体和附着支承装置的承载能力极限状态,应按荷载的基本组合或偶然组合计算荷载效应的组合设计值,并应采用下列设计表达式进行设计:

$$S \leqslant R \tag{2-1}$$

式中　S——荷载效应组合设计值;

　　　R——结构抗力设计值。

说明:《建筑结构荷载规范》(GB 50009—2012)中未对 S 和 R 规定单位,因为荷载效应和抗力可能是轴力、剪力、弯矩,也可能是应力。

2. 动力设备、吊具、索具设计计算方法

根据《建筑施工工具式脚手架安全技术规范》(JGJ 202—2010)的规定,附着式升降脚手架的索具、吊具应按有关机械设计的规定,采用容许应力法进行设

计,计算表达式为

$$\sigma \le [\sigma] \tag{2-2}$$

式中　σ——设计应力,MPa;

　　　$[\sigma]$——容许应力,MPa。

钢丝绳索具安全系数 K=6~8,当建筑物层高为 3 m(含)以下时应取 6。

2.4.2　变形计算

受弯构件的挠度不应超过挠度限值,见表 2-2。

表 2-2　受弯构件的挠度限值

构件类别	挠度限值
脚手板和纵、横向水平杆	$L/150$ 和 10 mm
水平支承桁架	$L/250$ 和 20 mm
悬臂受弯杆件	$L/400$ 和 40 mm
竖向主框架	$L/400$ 和 40 mm

注:L 为受弯杆件跨度。

2.4.3　长细比验算

脚手架结构构件的长细比不应超过表 2-3 规定的容许长细比。

表 2-3　构件的容许长细比

构件类别	容许长细比
竖向主框架压杆、水平支承桁架压杆	150：1
架体立杆	210：1
竖向主框架拉杆	300：1
其他拉杆	350：1

2.5 常用构件截面规格建议

基于全钢附着式升降脚手架的构造措施要求和相关工程经验,本节对选用构件的最小规格提出建议,见表 2-4,以避免后续验算过程中出现强度或变形超限,保证施工和使用过程中的安全。

表 2-4 常用构件最小规格

类别	最小规格
外防护网	防护网架方钢管规格不得小于 20 mm × 20 mm × 2 mm,防护网片厚度不得小于 0.7 mm
脚手板	面板厚度不得小于 1.8 mm
水平杆	矩形钢管规格不得小于 50 mm × 30 mm × 3 mm
立杆	方钢管规格不得小于 50 mm × 50 mm × 3 mm
水平支承桁架、刚性支撑	方钢管规格不得小于 40 mm × 40 mm × 3 mm,矩形钢管规格不得小于 50 mm × 30 mm × 3 mm,角钢规格不得小于 50 mm × 3 mm
导轨	圆管规格不得小于 ϕ48.3 mm × 3.6 mm,槽钢规格不得低于 6.3#(63 mm × 40 mm × 4.8 mm)
附着螺栓	直径不得小于 30 mm

第3章 荷载计算

作用于附着式升降脚手架的荷载可分为永久荷载(恒荷载或恒载)和可变荷载(活荷载或活载)两类,可变荷载应该包括施工活荷载和风荷载。

计算结构或构件的强度、稳定性及连接强度时,应采用荷载设计值(荷载标准值乘以荷载分项系数);计算变形时,应采用荷载标准值。当采用容许应力法计算时,应采用荷载标准值作为计算依据。

3.1 恒荷载

全钢附着式升降脚手架的永久荷载标准值(G_k)包括整个架体结构、围护设施、作业层设施及固定于架体结构上的升降装置和其他设备、装置的自重,具体包括:

(1)竖向主框架自重;

(2)水平支承桁架自重;

(3)导轨自重;

(4)架体构架自重;

(5)脚手板、翻板及外防护网等作业防护设施自重;

(6)固定在架体上的升降装置自重。

当附着式升降脚手架按照一个标准的脚手架架体单元(图3-1)来计算时,其总质量可由以下五部分分别进行计算后再求和得到。

(1)组成脚手架所有杆件的质量:外立杆、内立杆、导轨、纵向水平杆、横向水平杆、桁架斜杆、框架斜撑杆、机位斜撑杆等的质量之和。用计算所得的杆件总长度乘以杆件所对应的标准质量,即可得到脚手架杆件的总质量。

(2)外防护网的质量:根据附着式升降脚手架所用防护网片的尺寸,计算出总面积,再根据防护网片所用的材料,查得对应材料下防护网片的单位质量,即可计算得到防护网片的总质量。

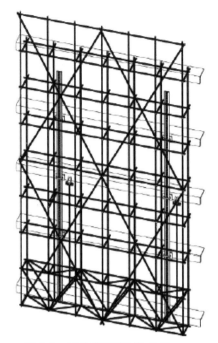

图 3-1　标准脚手架架体单元

（3）脚手板、翻板的质量：按《建筑施工模板安全技术规范》（JGJ 162—2008）的规定，查阅得到所用材料的标准质量，从而由每个脚手板、翻板的长度及所用数量得到总质量。

（4）螺栓的质量：由相应的附着式升降脚手架架体的结构特点，确定出所用的每种螺栓的总数量，再查阅相关资料得到每种类型螺栓所对应的质量，从而计算出螺栓的总质量。

（5）升降设备的质量：按通用理论质量及相关标准的规定确定。

3.2　施工活荷载

附着式升降脚手架的施工荷载应包括施工人员、施工人员手持小型工具、作业层上不大于 1 kN/m² 的堆载。施工活荷载标准值（Q_k）应按使用、升降及坠落三种工况确定控制荷载标准值，设计计算时应按照表 3-1 的规定选取。

表 3-1 施工活荷载标准值

工况类别		同时作业层数	每层活荷载标准值（kN/m²）	备注
使用工况	结构施工	2	3.0	
	装修施工	3	2.0	
升降工况	结构、装修施工	2	0.5	施工人员、材料、机具全部撤离
坠落工况	结构施工	2	3.0；0.5	使用工况坠落时标准值为 3.0 kN/m²；升降工况坠落时标准值为 0.5 kN/m²
	装修施工	3	2.0；0.5	使用工况坠落时标准值为 2.0 kN/m²；升降工况坠落时标准值为 0.5 kN/m²

3.3 风荷载

风荷载标准值 w_k 应按下式计算：

$$w_k = \beta_z \mu_z \mu_s w_0 \qquad (3-1)$$

式中 w_k——风荷载标准值（kN/m²）；

β_z——风振系数，$\beta_z = 1$（一般可取 1，也可按实际情况选取）；

μ_z——风压高度变化系数，按现行国家标准《建筑结构荷载规范》（GB 50009—2012）的规定采用；

μ_s——风荷载体型系数，按表 3-2 采用；

w_0——基本风压（kN/m²），按《建筑结构荷载规范》（GB 50009—2012）表 E.5 中 $R = 10$ 年的规定采用，非工作状态和工作状态均应按 6级风即风速为 13 m/s 计算。

表 3-2 脚手架风荷载体型系数

附着式升降脚手架背靠建筑物状况	风荷载体型系数 μ_s
全封闭	1.0ϕ
敞开、框架和开洞墙	1.3ϕ

注：ϕ——挡风系数，$\phi = \dfrac{1.2A_n}{A_w}$，其中 A_n 为附着式升降脚手架迎风面挡风面积（m²），A_w 为附着式升降脚手架迎风面面积（m²）。

例 3-1　某工程风荷载计算案例。

某附着式升降脚手架位于上海市,适用于 150 m 以下的楼层施工,由《建筑结构荷载规范》(GB 50009—2012)查得其风压高度变化系数 μ_z 为 1.79。

该架体防护网片尺寸为 1 965 mm × 960 mm,取计算单元尺寸为 120 mm × 120 mm,该计算单元开孔数为 100 个,孔直径为 6 mm,则网片开孔率为

$$\frac{\pi}{4} \times 6^2 \times 100 / 120^2 = 0.196$$

风荷载挡风系数为

$$\phi = 1.2 \times (1 - 0.196) = 0.965$$

考虑架体属于敞开的情况,风荷载体型系数为

$$\mu_s = 1.3\phi = 1.3 \times 0.965 = 1.25$$

对于上海地区 10 年一遇的情况,使用工况基本风压值 $w_0 = 0.4\ kN/m^2$,升降工况基本风压值 $w_0 = 0.25\ kN/m^2$。

则使用工况下的风荷载标准值为

$$w_k = 1 \times 1.79 \times 1.25 \times 0.4 = 0.895\ kN/m^2$$

升降工况下的风荷载标准值为

$$w_k = 1 \times 1.79 \times 1.25 \times 0.25 = 0.559\ kN/m^2$$

3.4　内、外立杆荷载分配

对于附着式升降脚手架的自重,内、外排架有所不同。外排架(远离建筑物的一侧)有防护网片,内排架(靠近建筑的一侧)有导轨。一般来说,脚手架外排架的自重比较大,但是防护层(也叫封闭层)的脚手板及活荷载却是内排架较大,这是因为脚手架与墙面的空隙处,小横杆一般会设置外挑,因此防护层内、外排架立杆的活荷载分配应该通过小横杆的支座反力求得,但该外挑部位仅作为防护及临时作业面,活荷载标准值取 $0.5\ kN/m^2$。

根据力平衡和力矩平衡公式计算求得内、外侧支座反力 $R_内$ 和 $R_外$,从而求得内、外活荷载分配系数:

$$M_外 = \frac{R_外}{R_外 + R_内}$$

$$M_内 = 1 - M_外$$

则在使用工况下外立杆所受到的活荷载:

$$q_{外活使} = (3层 \times 2\,kN/m^2 \times 脚手板作业区宽度 \times 立杆间距 +$$
$$3层 \times 0.5\,kN/m^2 \times 脚手板悬挑宽度 \times 立杆间距) \times M_{外}$$

在使用工况下,内立杆所受到的活荷载:

$$q_{内活使} = (3层 \times 2\,kN/m^2 \times 脚手板作业区宽度 \times 立杆间距 +$$
$$3层 \times 0.5\,kN/m^2 \times 脚手板悬挑宽度 \times 立杆间距) \times M_{内}$$

例 3-2 某工程防护层内、外立杆活荷载分配算例。

防护层脚手板作业区施工活荷载为 3 kN/m²,考虑短横杆间距为 0.6 m,将该面荷载转换为短横杆线荷载 q = 1.8 kN/m,脚手板悬挑端仅作为防护及临时作业面,施工荷载取 0.5 kN/m²,将其转换为短横杆线荷载 q = 0.3 kN/m。

防护层短横杆活荷载分布如图 3-2 所示。

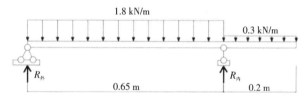

图 3-2　防护层短横杆活荷载分布

计算外侧支座和内侧支座的反力:

由竖向力平衡得

$$R_{内} + R_{外} = 1.8 \times 0.65 + 0.3 \times 0.2 = 1.23\,kN$$

由力矩平衡对外侧支座取矩可得

$$1.8 \times 0.65 \times 0.65/2 + 0.3 \times 0.2 \times (0.65 + 0.2/2) = 0.425\,kN \cdot m$$
$$= R_{内} \times 0.65$$

解得

外侧支座反力 $R_{外} = 0.576\,kN$

内侧支座反力 $R_{内} = 0.654\,kN$

则防护层脚手板活荷载分配系数如下。

外排架分配系数为

$$M_{外} = \frac{R_{外}}{R_{外} + R_{内}} = 0.47$$

内排架分配系数为

$$M_{内} = 1 - M_{外} = 0.53$$

因此当考虑在防护层上施工时,在使用工况下,外排架间距为 2 m 的立杆受到的活荷载为

$$q_{外活使} = (3 \times 2 \times 0.65 \times 2 + 3 \times 0.5 \times 0.2 \times 2) \times 0.47$$
$$= 3.948 \text{ kN}$$

在使用工况下,内排架间距为 2 m 的立杆受到的活荷载为

$$q_{内活使} = (3 \times 2 \times 0.65 \times 2 + 3 \times 0.5 \times 0.2 \times 2) \times 0.53$$
$$= 4.452 \text{ kN}$$

3.5　荷载效应组合与附加系数

在进行构件和结构的强度、连接强度及稳定承载力计算时,应采用荷载的基本组合,在进行构件和结构的变形计算时,应采用荷载的标准组合,并应分别取各自最不利的荷载组合进行计算。

附着式升降脚手架按照最不利荷载组合进行计算,其荷载效应组合应按照表 3-3 采用。

表 3-3　荷载效应组合

计算项目	荷载效应组合
纵、横向水平杆, 水平支承桁架、附着支座、防倾及防坠装置	永久荷载(即恒荷载)+ 施工活荷载
竖向主框架, 架体立杆稳定性	①永久荷载 + 施工活荷载; ②永久荷载 +0.9(施工活荷载 + 风荷载)。 取两种组合,按最不利的计算
升降设备, 钢丝绳及索具、吊具	永久荷载 + 升降过程的活荷载

不考虑风荷载时,荷载效应为

$$S = \gamma_G S_{Gk} + \gamma_Q S_{Qk} \tag{3-2}$$

考虑风荷载时,荷载效应为

$$S = \gamma_G S_{Gk} + 0.9 \times (\gamma_Q S_{Qk} + \gamma_Q S_{wk}) \tag{3-3}$$

式中　γ_G——恒荷载分项系数,根据《建筑结构荷载规范》(GB 50009—2012),当恒荷载效应对结构不利时,对由活荷载效应控制的组合应取 1.2,对由恒荷载效应控制的组合应取 1.35,当恒荷载效应对结构

有利时,不应大于 1.0;

γ_Q——活荷载分项系数,根据《建筑结构荷载规范》(GB 50009—2012)
应取 1.4;

S_{Gk}——恒荷载效应的标准值;

S_{Qk}——活荷载效应的标准值;

S_{wk}——风荷载效应的标准值。

在计算荷载效应时,应考虑附加荷载不均匀系数及冲击系数,其取值可参照
《建筑施工工具式脚手架安全技术规范》(JGJ 202—2010)及《建筑施工用附着
式升降作业安全防护平台》(JG/T 546—2019)中的相关规定。附着式升降脚手
架上的升降设备、竖向主框架,在使用工况条件下,其设计荷载值应乘以附加荷
载不均匀系数 1.3;在升降、坠落工况时,其设计荷载应乘以附加荷载不均匀系数
2.0。计算附着支承装置时,其设计荷载值应乘以冲击系数 2.0。

第 4 章　连接验算

4.1　全钢附着式升降脚手架建议验算的连接处

4.1.1　螺栓连接

（1）横向水平杆连接螺栓。

（2）纵向水平杆与立杆连接螺栓。

（3）水平支承桁架与立杆连接螺栓。

（4）刚性支撑与立杆连接螺栓。

（5）立杆与导轨连接螺栓。

4.1.2　焊缝连接

（1）横向水平杆和纵向水平杆连接焊缝。

（2）桁架杆件与连接板连接焊缝。

（3）桁架杆件间连接焊缝。

（4）刚性支撑与立杆连接板处连接焊缝。

（5）立杆与导轨连接焊缝。

（6）防坠梯杆与导轨连接焊缝。

（7）停层卸荷装置锚固点处钢板连接焊缝。

（8）吊点处钢板连接焊缝。

（9）附着支座连接焊缝等。

附着式升降脚手架需要验算的连接处不只限于上述范例，且有些部位焊缝和螺栓仅起连接作用，不受力的作用，可以不进行验算，应视具体情况而定。

4.2　螺栓强度验算

4.2.1　普通螺栓的抗剪连接

普通螺栓连接的抗剪承载力应考虑螺栓杆受剪和孔壁承压两种情况。假定螺栓受剪面上的剪应力均匀分布,一个抗剪螺栓的抗剪承载力设计值为

$$N_{\mathrm{v}}^{\mathrm{b}} = n_{\mathrm{v}} \frac{\pi d^2}{4} f_{\mathrm{v}}^{\mathrm{b}} \tag{4-1}$$

式中　　$N_{\mathrm{v}}^{\mathrm{b}}$——一个抗剪螺栓的抗剪承载力设计值(N);

$\quad\quad n_{\mathrm{v}}$——受剪面数目,单面剪切 $n_{\mathrm{v}} = 1$,双面剪切 $n_{\mathrm{v}} = 2$,如图 4-1 所示;

$\quad\quad d$——螺栓杆直径(螺栓的公称直径)(mm);

$\quad\quad f_{\mathrm{v}}^{\mathrm{b}}$——螺栓抗剪强度设计值(N/mm²)。

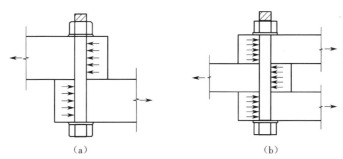

图 4-1　螺栓受剪示意图

(a)单面剪切　(b)双面剪切

螺栓的实际承压应力分布情况难以确定,为简化计算,假定螺栓承压应力分布于螺栓直径平面上,且假定该承压面上的应力为均匀分布,其受力情况如图 4-2 所示,则一个抗剪螺栓的承压承载力设计值为

$$N_{\mathrm{c}}^{\mathrm{b}} = d \sum t f_{\mathrm{c}}^{\mathrm{b}} \tag{4-2}$$

式中　　$N_{\mathrm{c}}^{\mathrm{b}}$——一个抗剪螺栓的承压承载力设计值(N);

$\quad\quad \sum t$——在同一受力方向的承压构件的较小总厚度(mm);

$\quad\quad f_{\mathrm{c}}^{\mathrm{b}}$——螺栓承压受力强度设计值(N/mm²),取决于构件材料。

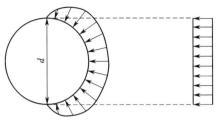

图 4-2　螺栓承压应力分布图

　　一般情况下,一个螺栓的抗剪承载力和抗压承载力不同,哪一种承载力较小,螺栓就发生哪一种破坏。因此,一个受剪螺栓的抗剪承载力 N 应取以上两式计算值中的较小值,即

$$N = \min\{N_v^b, N_c^b\} \tag{4-3}$$

4.2.2　普通螺栓的抗拉连接

　　受拉连接中,螺栓所受的拉力和垂直连接件的刚度有关。螺栓受拉时,通常不可能使拉力正好作用在螺栓轴线上,拉力通过与螺杆垂直的板件传递,其受力情况如图 4-3 所示。如连接件的刚度较小,受力后连接件会变形,形成杠杆作用,螺栓有被撬开的趋势,使螺杆中的拉力增加并产生弯曲现象。考虑杠杆作用时,螺杆的轴心力

$$N_t = N + Q \tag{4-4}$$

式中　Q——由于杠杆作用对螺栓产生的撬力(N);

　　　　N——螺杆受到的拉力(N)。

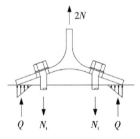

图 4-3　螺栓所受拉力分布图

　　抗拉螺栓连接的破坏形式为栓杆被拉断,故一个抗拉螺栓的承载力设计值为

$$N_t^b = \frac{\pi d_e^2}{4} f_t^b \tag{4-5}$$

式中 d_e——螺栓的有效直径（mm）；

f_t^b——螺栓的抗拉强度设计值（N/mm²）；

N_t^b——螺栓的抗拉承载力设计值（N）。

撬力大小与连接件的刚度有关,连接件的刚度越小,撬力越大,同时撬力也与螺栓直径和螺栓所在位置等因素有关。确定撬力比较复杂,为了简化,规定普通螺栓抗拉强度设计值取为螺栓钢材抗拉强度设计值的 80%,以考虑撬力的影响。

4.2.3 普通螺栓连接受剪力和拉力的共同作用

承受剪力和拉力共同作用的普通螺栓应考虑两种可能的破坏形式:一是螺杆受剪兼受拉破坏;二是孔壁承压破坏。根据试验,对于兼受剪力 N_v 和拉力 N_t 的螺杆,无量纲化后的相关关系近似为一圆曲线,螺杆强度计算式为

$$\sqrt{\left(\frac{N_v}{N_v^b}\right)^2 + \left(\frac{N_t}{N_t^b}\right)^2} \le 1 \tag{4-6}$$

4.3 焊缝强度验算

4.3.1 角焊缝的构造要求

1. 最小焊脚尺寸

焊脚尺寸过小,施焊时冷却速度过快,会产生淬硬组织,导致母材开裂。焊脚尺寸应满足下式:

$$h_f \ge 1.5\sqrt{t_2} \tag{4-7}$$

式中 h_f——焊脚尺寸（mm）；

t_2——较厚焊件的厚度（mm）。

自动焊的熔深较大,最小焊脚尺寸可减小 1 mm;对于 T 形连接的单面角焊缝,焊脚尺寸增加 1 mm;当焊件厚度小于或等于 4 mm 时,取焊脚尺寸与焊件厚度相同。

2. 最大焊脚尺寸

为避免焊缝收缩时产生较大的残余应力和残余变形,热影响区扩大,产生热脆,较薄焊件烧穿,除钢管结构外,焊脚尺寸应满足下式:

$$h_f \le 1.2t_1 \tag{4-8}$$

式中　t_1——较薄焊件的厚度（mm）。

对于板件边缘的焊缝，板件厚度 $t > 6$ mm，$h_f \leqslant t - (1 \sim 2)$ mm $\leqslant 6$ mm 时，取 $h_f \leqslant t$。

不等角焊脚尺寸如图 4-4 所示。

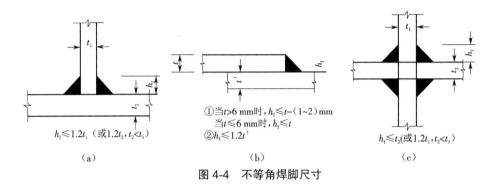

图 4-4　不等角焊脚尺寸

3. 角焊缝的最小计算长度

焊脚尺寸大而长度较小时，焊件的局部加热严重，焊缝与灭弧所引起的缺陷相距太近，以及焊缝中可能产生其他缺陷（气孔、非金属夹杂等），使焊缝不够可靠。对于搭接连接的侧面角焊缝，如果焊缝长度过小，由于力线弯折大，会造成严重应力集中。为了使焊缝能够具有一定的承载能力，侧面角焊缝或正面角焊缝的计算长度 l_w 应满足：

$$l_w \geqslant 8h_f \tag{4-9a}$$

且

$$l_w \geqslant 40 \text{ mm} \tag{4-9b}$$

4. 角焊缝的最大计算长度

侧面角焊缝在弹性阶段沿长度方向受力不均匀，两端大、中间小。焊缝越长，应力集中越明显。若焊缝长度适宜，两端点处的应力达到屈服强度后，继续加载，应力会渐趋均匀。若焊缝长度超过某一限值，有可能首先在焊缝的两端发生破坏，故一般规定侧面角焊缝的计算长度满足下式：

$$l_w \leqslant 60h_f \tag{4-10}$$

当实际长度大于限值时，其超过部分在计算中不予考虑。若内力沿侧面角焊缝全长分布，比如梁翼缘板与腹板的连接焊缝，其计算长度可不受上述限制。

5. 搭接连接的构造要求

当板件端部仅有 2 条侧面角焊缝时，连接的承载力与 b/l_w 有关，其中 b 为两侧焊缝的距离，l_w 为侧焊缝长度。当 $b/l_w > 1$ 时，连接的承载力随着 b/l_w 的增大而明显下降。为使连接强度不致过分降低，要求 $b/l_w \leqslant 1$。

　　为避免焊缝横向收缩，引起板件向外发生较大拱曲，b 不宜大于 $16t$（$t > 12$ mm）或 190 mm（$t \leqslant 12$ mm），其中 t 为较薄焊件的厚度，如图 4-5 所示。

　　搭接连接中，仅采用正面角焊缝时，搭接长度不得小于焊件较小厚度的 5 倍，也不得小于 25 mm，如图 4-6 所示。

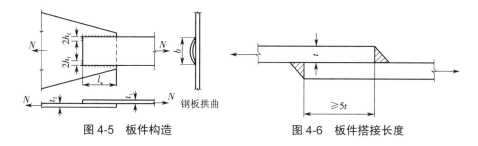

图 4-5　板件构造　　　　　　　图 4-6　板件搭接长度

4.3.2　直角角焊缝的计算

1. 直角角焊缝强度计算的基本公式

试验表明，直角角焊缝的破坏常发生在 45° 的最小截面上，此截面（面积为有效厚度与焊缝计算长度的乘积）称为焊缝的有效截面或计算截面。

　　直角角焊缝在各种应力共同作用下的基本计算公式为

$$\sqrt{\left(\frac{\sigma_f}{\beta_f}\right)^2 + \tau_f^2} \leqslant f_f^w \tag{4-11}$$

式中　σ_f——在焊缝有效截面上引起垂直于焊缝长度方向的正应力（N/mm²）；

　　　β_f——正面角焊缝的强度增大系数，取 1.22；

　　　τ_f——在焊缝有效截面上引起平行于焊缝长度方向的剪应力（N/mm²）；

　　　f_f^w——角焊缝的强度设计值（N/mm²）。

　　对于正面角焊缝（作用力垂直于焊缝长度方向），正应力为

$$\sigma_f = \frac{N}{h_e \sum l_w} \leqslant \beta_f f_f^w \tag{4-12}$$

　　对于侧面角焊缝（作用力平行于焊缝长度方向），剪应力为

$$\tau_f = \frac{N}{h_e \sum l_w} \leqslant f_f^w \tag{4-13}$$

式中　h_e——直角角焊缝的有效厚度（mm），$h_e = 0.7h_f$；

　　　　l_w——焊缝的计算长度（mm），考虑灭弧缺陷，按各条焊缝的实际长度每端减 h_f 计算。

只要将焊缝应力分解为垂直于焊缝长度方向的正应力和平行于焊缝长度方向的剪应力，上述基本公式就可适用于任何受力状态。

2. 轴心力作用的角焊缝连接计算

1）盖板连接的角焊缝计算

轴心力通过焊缝中心时，认为焊缝应力是均匀分布的，其受力情况如图4-7所示。

当只有侧面角焊缝时，应力应满足：

$$\tau_f = \frac{N}{h_e \sum l_w} \leqslant f_f^w \tag{4-14}$$

当只有正面角焊缝时，应力应满足：

$$\sigma_f = \frac{N}{h_e \sum l_w} \leqslant \beta_f f_f^w \tag{4-15}$$

当采用三面围焊时，正面角焊缝承担的力：

$$N_1 = \beta_f f_f^w \sum l_w h_e \tag{4-16}$$

侧面角焊缝应力应满足：

$$\tau_f = \frac{N - N_1}{\sum l_w h_e} \leqslant f_f^w \tag{4-17}$$

2）承受斜向轴心力的角焊缝连接计算

盖板连接的角焊缝受到斜向轴心力作用，如图4-8所示。

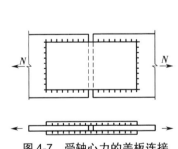

图 4-7　受轴心力的盖板连接　　　　图 4-8　斜向轴心力作用

当采用分力法时，应满足下列公式：

$$\sigma_f = \frac{N_x}{h_e \sum l_w} \tag{4-18}$$

$$\tau_{f} = \frac{N_{y}}{h_{e}\sum l_{w}} \tag{4-19}$$

$$\sqrt{\left(\frac{\sigma_{f}}{\beta_{f}}\right)^{2} + \tau_{f}^{2}} \leqslant f_{f}^{w} \tag{4-20}$$

当采用直接法时,应满足下列公式:

$$\sqrt{\left(\frac{N\sin\theta}{\beta_{f}\sum l_{w}h_{e}}\right)^{2} + \left(\frac{N\cos\theta}{\sum l_{w}h_{e}}\right)^{2}} \leqslant f_{f}^{w} \tag{4-21}$$

$$\frac{N}{\sum l_{w}h_{e}}\sqrt{\frac{\sin^{2}\theta}{1.5} + \cos^{2}\theta} = \frac{N}{\sum l_{w}h_{e}}\sqrt{1 - \frac{\sin^{2}\theta}{3}} \leqslant f_{f}^{w} \tag{4-22}$$

令 $\beta_{f\theta} = \dfrac{1}{\sqrt{1 - \dfrac{\sin^{2}\theta}{3}}}$,有

$$\frac{N}{h_{e}\sum l_{w}} \leqslant \beta_{f\theta}f_{f}^{w} \tag{4-23}$$

4.4　算例

4.4.1　水平支承桁架连接焊缝及螺栓验算

已知某水平支承桁架的跨度为 6 m,高度为 0.6 m,全部采用 60 mm × 30 mm × 3 mm 截面和 Q235 材质的矩形钢管,各构件通过焊缝连接,焊脚尺寸为 5 mm,焊条为 E43 型,水平支承桁架在左、右两侧各通过 2 个 M16 螺栓与架体立杆连接,立杆截面为 70 mm × 50 mm × 2.75 mm,采用 Q235 钢材。

已知水平支承桁架荷载计算简图如图 4-9 所示。

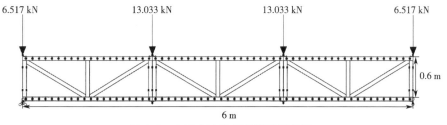

图 4-9　水平支承桁架荷载计算简图

经软件计算得出桁架各杆件轴力图,如图 4-10 所示。

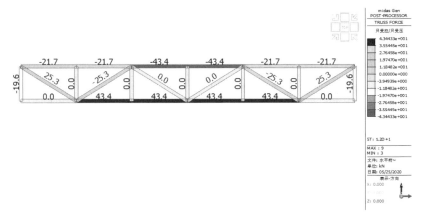

图 4-10　桁架单元轴力图(kN)

斜杆所承担的最大压力为 25.3 kN(图 4-10 中的负值表示受压),最大拉力为 25.3 kN。如图 4-11 所示,斜杆与水平杆和竖向杆通过焊缝连接。

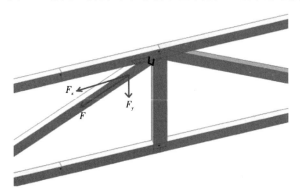

图 4-11　水平支承桁架连接焊缝

设斜杆和水平杆夹角为 α,则

$$\sin \alpha = \frac{0.6}{\sqrt{1^2 + 0.6^2}} = 0.514\ 5, \cos \alpha = \frac{1}{\sqrt{1^2 + 0.6^2}} = 0.857\ 5$$

则斜杆所受拉力 F 可分解为水平力

$$F_x = F\cos \alpha = 25.3 \times 0.857\ 5 = 21.695\ \text{kN}$$

竖向力

$$F_y = F\sin \alpha = 25.3 \times 0.514\ 5 = 13.017\ \text{kN}$$

(1)对水平焊缝,其承受剪力 $V = F_x$,拉力 $N = F_y$。

$$\sigma_{\mathrm{f}} = \frac{N}{h_{\mathrm{e}}l_{\mathrm{w}}^{*}} = \frac{13.017 \times 10^{3}}{0.7 \times 5 \times (59 + 30 + 59)} = 25.13 \text{ N/mm}^{2} \leqslant \beta_{\mathrm{f}} f_{\mathrm{f}}^{\mathrm{w}}$$

$$= 1.22 \times 160 \text{ N/mm}^{2} = 195.2 \text{ N/mm}^{2}$$

$$\tau_{\mathrm{f}} = \frac{V}{h_{\mathrm{e}}l_{\mathrm{w}}} = \frac{21.695 \times 10^{3}}{0.7 \times 5 \times (59 + 30 + 59)} = 41.88 \text{ N/mm}^{2}$$

$$\sqrt{\left(\frac{\sigma_{\mathrm{f}}}{\beta_{\mathrm{f}}}\right)^{2} + \tau_{\mathrm{f}}^{2}} = \sqrt{\left(\frac{25.13}{1.22}\right)^{2} + 41.88^{2}} = 46.67 \text{ N / mm}^{2} \leqslant f_{\mathrm{f}}^{\mathrm{w}} = 160 \text{ N/mm}^{2}$$

因此,水平焊缝强度合格。

(2)对竖向焊缝,其承担剪力 $V = F_{y}$,拉力 $N = F_{x}$ 。

$$\sigma_{\mathrm{f}} = \frac{N}{h_{\mathrm{e}}l_{\mathrm{w}}} = \frac{21.695 \times 10^{3}}{0.7 \times 5 \times (36 + 30 + 36)} = 60.77 \text{ N/mm}^{2} \leqslant \beta_{\mathrm{f}} f_{\mathrm{f}}^{\mathrm{w}} = 195.2 \text{ N/mm}^{2}$$

$$\tau_{\mathrm{f}} = \frac{V}{h_{\mathrm{e}}l_{\mathrm{w}}} = \frac{13.017 \times 10^{3}}{0.7 \times 5 \times (36 + 30 + 36)} = 36.46 \text{ N/mm}^{2}$$

$$\sqrt{\left(\frac{\sigma_{\mathrm{f}}}{\beta_{\mathrm{f}}}\right)^{2} + \tau_{\mathrm{f}}^{2}} = \sqrt{\left(\frac{60.77}{1.22}\right)^{2} + 36.46^{2}} = 61.73 \text{ N / mm}^{2} \leqslant f_{\mathrm{f}}^{\mathrm{w}} = 160 \text{ N/mm}^{2}$$

因此,竖向焊缝强度合格。

(3)水平支承桁架采用 M16 螺栓与竖向立杆连接,单位架体有 4 个(单边 2 根)螺栓共承担 39.1 kN 的剪力。螺栓的 $f_{\mathrm{v}}^{\mathrm{b}}$ 值为 140 N/mm²,$f_{\mathrm{c}}^{\mathrm{b}}$ 值为 305 N/mm²。

$$N_{\mathrm{v}}^{\mathrm{b}} = n_{\mathrm{v}} \frac{\pi d^{2}}{4} f_{\mathrm{v}}^{\mathrm{b}} = 1 \times \frac{3.14 \times 16^{2}}{4} \times 140 = 28.13 \text{ kN}$$

$$N_{\mathrm{c}}^{\mathrm{b}} = d \sum t f_{\mathrm{c}}^{\mathrm{b}} = 16 \times 2.75 \times 305 = 13.42 \text{ kN}$$

单个螺栓承担剪力

$$N = \frac{39.1}{4} = 9.775 \text{ kN} < N_{\mathrm{min}}^{\mathrm{b}} = \min\left\{N_{\mathrm{v}}^{\mathrm{b}}, N_{\mathrm{c}}^{\mathrm{b}}\right\} = 13.42 \text{ kN}$$

因此螺栓强度合格。

4.4.2 附着螺栓验算

已知某架体高度为 13.5 m,计算跨度为 6 m,架体重量 G_{k} 为 28.655 kN,使用工况下施工活荷载 Q_{k} 为 21.6 kN,根据《建筑施工工具式脚手架安全技术规范》(JGJ 202—2010)中的规定,计算附着支座时,其设计荷载值应乘以冲击系数

---

*注:l_{w} 为实际焊缝长度。

$\gamma = 2.0$，则设计荷载为

$$P_{坠落} = \gamma \times (1.2G_k + 1.4Q_k) = 2 \times (1.2 \times 28.655 + 1.4 \times 21.6)$$
$$= 129.252 \text{ kN}$$

附着支座规格如图 4-12 所示，其中 [6.3# 表示规格为 63 mm×40 mm×4.8 mm 的槽钢。

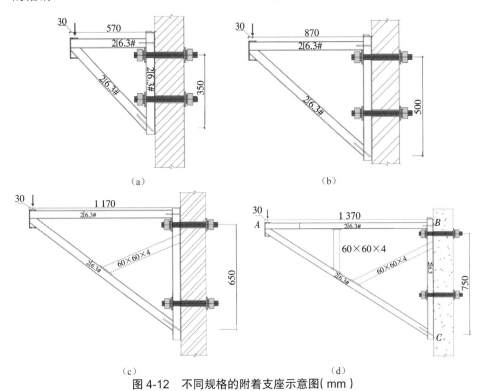

（a）　　　　　　　　　　　　　　　（b）

（c）　　　　　　　　　　　　　　　（d）

图 4-12　不同规格的附着支座示意图（mm）

（a）600 mm 长支座　（b）900 mm 长支座　（c）1 200 mm 长支座　（d）1 400 mm 长支座

螺杆螺纹处有效直径 $d_e = 32$ mm，公称直径 $d = 38$ mm，螺栓数量 $n_{螺} = 2$，虽然每个支座仅考虑一根螺栓发挥作用，但是在使用工况下坠落时，考虑至少有两个支座发挥作用。

一根螺栓所承受的剪力

$$N_v = 129.252 / 2 = 64.626 \text{ kN}$$

对 600 mm 长支座，N_v 产生的弯矩为

$$M_1 = 64.626 \times 0.57 = 36.84 \text{ kN} \cdot \text{m}$$

对 900 mm 长支座，N_v 产生的弯矩为

$$M_2 = 64.626 \times 0.87 = 56.22 \text{ kN·m}$$

对 1 200 mm 长支座，N_v 产生的弯矩为

$$M_3 = 64.626 \times 1.17 = 75.61 \text{ kN·m}$$

对 1 400 mm 长支座，N_v 产生的弯矩为

$$M_4 = 64.626 \times 1.37 = 88.54 \text{ kN·m}$$

计算时可近似地取中性轴位于附着支座与建筑结构接触面最下部，则上侧螺栓承受的拉力分别为

$$N_{t1} = 36.84 / 0.35 + 5 = 110.26 \text{ kN}$$

$$N_{t2} = 56.22 / 0.5 + 5 = 117.44 \text{ kN}$$

$$N_{t3} = 75.61 / 0.65 + 5 = 121.32 \text{ kN}$$

$$N_{t4} = 88.54 / 0.75 + 5 = 123.05 \text{ kN}$$

其中 5 kN 为考虑风荷载作用时的安全储备。

螺栓抗剪承载能力设计值为（f_v^b 按相关标准取值）

$$N_v^b = \frac{\pi d^2}{4} f_v^b = \frac{\pi \times 38^2}{4} \times 140 = 158.7 \text{ kN}$$

螺栓抗拉承载能力设计值为（f_t^b 按相关标准取值）

$$N_t^b = A_e f_t^b = \frac{\pi}{4} \times 32^2 \times 170 = 136.65 \text{ kN}$$

分别对各尺寸支座的附着螺栓进行验算，验算结果如下：

长支座 1：$\sqrt{\left(\dfrac{N_v}{N_v^b}\right)^2 + \left(\dfrac{N_{t1}}{N_t^b}\right)^2} = \sqrt{\left(\dfrac{64.626}{158.7}\right)^2 + \left(\dfrac{110.26}{136.65}\right)^2} = 0.904 < 1$

长支座 2：$\sqrt{\left(\dfrac{N_v}{N_v^b}\right)^2 + \left(\dfrac{N_{t2}}{N_t^b}\right)^2} = \sqrt{\left(\dfrac{64.626}{158.7}\right)^2 + \left(\dfrac{117.44}{136.65}\right)^2} = 0.951 < 1$

长支座 3：$\sqrt{\left(\dfrac{N_v}{N_v^b}\right)^2 + \left(\dfrac{N_{t3}}{N_t^b}\right)^2} = \sqrt{\left(\dfrac{64.626}{158.7}\right)^2 + \left(\dfrac{121.32}{136.65}\right)^2} = 0.977 < 1$

长支座 4：$\sqrt{\left(\dfrac{N_v}{N_v^b}\right)^2 + \left(\dfrac{N_{t4}}{N_t^b}\right)^2} = \sqrt{\left(\dfrac{64.626}{158.7}\right)^2 + \left(\dfrac{123.05}{136.65}\right)^2} = 0.988 < 1$

因此附着螺栓强度合格。

4.4.3 升降支座螺栓及焊缝验算

已知某架体高度为 13.5 m，计算跨度为 6 m，架体重量 G_k=26.66 kN，升降工况下施工活荷载 Q_k=3.6 kN，考虑冲击系数 γ=2.0，机位最大升降荷载设计值为

$$P = \gamma \times (1.2G_k + 1.4Q_k) = 2 \times (1.2 \times 26.66 + 1.4 \times 3.6) = 74.064 \text{ kN}$$

吊点由两根 M30 螺栓固定（有效直径为 26.72 mm，抗剪强度设计值为 320 N/mm²，抗拉强度设计值为 400 N/mm²）；螺栓为 8.8 级高强螺栓，前端悬挂电动提升机的销轴直径为 30 mm，抗剪强度设计值为 140 N/mm²，构造如图 4-13 所示。

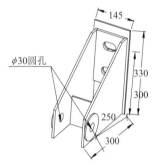

图 4-13 升降支座示意图(mm)

ϕ30 销轴受力为 $N = 74.064 \text{ kN}$，双面受剪。

两根 M30 穿墙螺栓的协同受力情况不明确，因此按单根螺栓受力计算，受剪亦为 $N_v = 74.064 \text{ kN}$，受拉为 $N_t = 74.064 \times 250 / 300 = 61.72 \text{ kN}$。

ϕ30 销轴受剪应力为

$$\tau = \frac{N}{2A} = \frac{74.064 \times 1\,000}{2 \times 15^2 \times 3.14} = 52.42 \text{ N/mm}^2 < f_v^b = 140 \text{ N/mm}^2$$

因此销轴强度合格。

对于 M30 穿墙螺栓：

$$N_v^b = n_v \pi d^2 f_v^b / 4 = \pi \times 30^2 \times 320 / 4 = 226\,080 \text{ N}$$
$$N_t^b = n_t \pi d_e^2 f_t^b / 4 = \pi \times 26.72^2 \times 400 / 4 = 224\,183 \text{ N}$$

因此

$$\sqrt{\left(\frac{N_v}{N_v^b}\right)^2 + \left(\frac{N_t}{N_t^b}\right)^2} = \sqrt{\left(\frac{74\,064}{226\,080}\right)^2 + \left(\frac{61\,720}{224\,183}\right)^2} = 0.43 < 1$$

因此螺栓强度合格。

第5章 走道板设计

5.1 常用走道板形式

走道板通常采用花纹钢板（厚度为 1.8~2.5 mm）为面板,以边框、中肋等作为支撑结构,其常用形式及规格如图 5-1 所示。

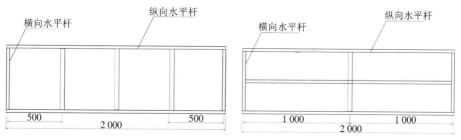

图 5-1 常用走道板支撑形式(mm)

5.2 荷载参数

全钢附着式升降脚手架在正常使用阶段,结构承受的竖向荷载包括竖向施工荷载和结构自重,水平方向承受水平风荷载。荷载包括恒荷载和活荷载,其数值根据具体工况确定。根据《建筑施工工具式脚手架安全技术规范》(JGJ 202—2010)进行验算时,荷载效应组合选用恒荷载 + 施工活荷载的组合。

验算抗弯强度、抗剪强度及整体稳定时,荷载效应组合为

$$S = 1.2S_{Gk} + 1.4S_{Qk}$$

验算竖向挠度时:

$$S = 1.0S_{Gk} + 1.0S_{Qk}$$

式中 S_{Gk}——按恒荷载的标准值计算的荷载效应值;

S_{Qk}——按活荷载的标准值计算的荷载效应值。

5.3　承载板验算

（1）面板抗弯强度应按下式计算：

$$\sigma = \frac{M_{\max}}{W_{n}} < f \tag{5-1}$$

式中　σ——面板在荷载作用下所受的应力（N/mm²）；

$M_{\max}$——受弯构件所承受的最大弯矩设计值（N·m），面板按沿纵向的连续梁验算，边框及中肋为其支座，$M_{\max} = 0.1qL^2$，其中 q 为面板受到的均布荷载（N/mm），L 为面板的纵向跨度（mm）；

W_{n}——受弯构件净截面抵抗矩（mm³），$W_{n} = \frac{1}{6} \times bt^2$，其中 b 为面板的宽度（mm），t 为面板的厚度（mm）；

f——钢材的抗弯、抗压强度设计值（N/mm²），按《钢结构设计标准》（GB 50017—2017）选取。在后续算例中，不同的受力情况下，f 为抗压或抗弯强度设计值。

（2）挠度应按下式计算：

$$v \leqslant [v] \tag{5-2}$$

式中　v——受弯构件挠度计算值（mm），面板按沿纵向的连续梁验算，边框及中肋为其支座，$v = 0.677 \frac{q_{k}L^4}{100EI}$，其中 q_{k} 为受弯构件均布线荷载标准值（N/mm），L 为受弯构件的计算跨度（mm），E 为钢材的弹性模量（N/mm²），I 为受弯构件毛截面惯性矩（mm⁴），$I = \frac{1}{12} \times bt^3$（$b$ 为面板的宽度（mm），t 为面板的厚度（mm））；

$[v]$——受弯构件挠度变形容许值（mm），为 $L/150$ 和 10 mm 中的较小值。

5.4　水平杆验算

对于纵向水平杆、横向水平杆，其用于计算的受荷范围如图 5-2 所示。其中，脚手板宽度为 a（mm），长度为 $4b$（mm）。考虑面板的自重为 x（N/mm²），则纵向水平杆承担的线荷载 $q = x \times \frac{a}{2}$（N/mm），横向水平杆承担的线荷载

$q=x \times b$（N/mm）。

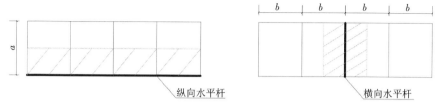

图 5-2　水平杆受荷范围简图

当对单块脚手板进行计算时,水平杆应按照简支梁进行强度和挠度计算,其计算模型如图 5-3 所示。其受弯最不利截面位于跨中,受剪最不利截面位于两端支座。根据《建筑施工工具式脚手架安全技术规范》(JGJ 202—2010)的规定,进行强度和挠度计算。

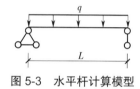

图 5-3　水平杆计算模型

最大弯矩为

$$M_{\max} = \frac{qL^2}{8} \tag{5-3}$$

最大剪力为

$$V_{\max} = \frac{qL}{2} \tag{5-4}$$

最大挠度为

$$v_{\max} = \frac{5q_k L^4}{384EI_x} \tag{5-5}$$

式中　q——水平杆均布线荷载设计值(N/mm);

q_k——水平杆均布线荷载标准值(N/mm);

L——水平杆计算跨度(mm);

E——钢材的弹性模量(N/mm²);

I_x——水平杆绕 x 轴的截面惯性矩(mm⁴)。

当对整个架体结构进行计算时,横向水平杆应按照简支梁进行强度和挠度计算,纵向水平杆可按照三跨连续梁进行强度和挠度计算,考虑立杆对纵向水平杆的约束作用,将其简化为铰支座。

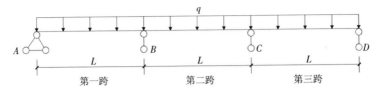

图 5-4　三跨连续梁计算模型

纵向水平杆受到的最大弯矩 M_{max}、剪力 V_{max} 和挠度 v_{max} 计算公式分别为

$$M_{max} = K_m q L^2 \tag{5-6}$$

$$V_{max} = K_v q L \tag{5-7}$$

$$v_{max} = \frac{K_w q_k L^4}{100 EI} \tag{5-8}$$

式中　q——受弯构件的均布线荷载标准值（N/mm）；

　　　L——受弯构件的计算跨度（mm）；

　　　K_m——弯矩系数；

　　　K_v——剪力系数；

　　　K_w——挠度系数；

　　　E——钢材的弹性模量（N/mm²）；

　　　I——受弯构件的截面惯性矩（mm⁴）。

计算系数取值见表 5-1。

表 5-1　计算系数取值表

弯矩系数 K_m			剪力系数 K_v		挠度系数 K_w	
$M_{max1中}$	$M_{max2中}$	$M_{maxB支}$	V_{maxA}	$V_{maxB左}$、$V_{maxB右}$	$v_{max1中}$	$v_{max2中}$
0.080	0.025	-0.100	-0.400	-0.600、0.500	0.677	0.052

水平杆按受弯构件进行设计计算,构件按单向受弯进行设计计算,其计算公式为

$$\frac{M_x}{\gamma_x W_{nx}} \leq f \tag{5-9}$$

式中　M_x——横杆段所受施工荷载设计值产生的弯矩（N·mm）；

　　　γ_x——对主轴 x 的截面塑性发展系数,本书统一取为 1.0；

　　　W_{nx}——对 x 轴的净截面模量；

　　　f——钢材的抗弯强度设计值（N/mm²）,按《钢结构设计标准》（GB

50017—2017）选取。

5.5　算例

脚手板边框为 63 mm×40 mm×4.0 mm 的 L 形角钢,中肋为 30 mm×30 mm×3.0 mm 的 L 形角钢,面板为 2.0 mm 厚的花纹钢板。钢材的弹性模量 $E=2.01×10^5$ N/mm²。脚手板的构造尺寸如图 5-5 所示,主板和副板通过 2 个 63 mm×40 mm×4.0 mm 的 L 形角钢用螺栓连接形成整体。

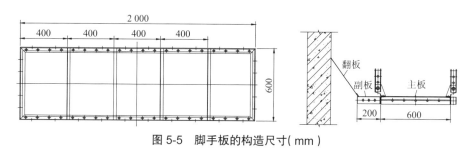

图 5-5　脚手板的构造尺寸(mm)

主板质量为 30 kg,主板自重折合均布荷载为 $\dfrac{30\ kg×10\ m/s^2}{0.6\ m×2\ m}=250\ N/m^2$。副板及翻板的质量合计为 25 kg,副板宽度为 200 mm,翻板宽度为 400 mm,副板及翻板自重折合均布荷载为 $\dfrac{25\ kg×10\ m/s^2}{0.6\ m×2\ m}=208.3\ N/m^2$。

使用工况下主板施工活荷载为 3 kN/m²,副板及翻板仅作为防护及临时作业面,施工活荷载为 0.5 kN/m²,则主板恒荷载标准值

$q_{Gk1}=0.250$ kN/m²

活荷载标准值

$q_{Qk1}=3$ kN/m²

副板及翻板恒荷载标准值

$q_{Gk2}=0.208\ 3$ kN/m²

活荷载标准值

$q_{Qk2}=0.5$ kN/m²

（1）面板近似按沿纵向的连续梁验算,边框及中肋为其支承,按三跨连续梁计算。

截面特性为

$$I_x = \frac{1}{12}bh^3 = \frac{1}{12} \times 600 \times 2^3 = 400 \text{ mm}^4$$

$$W = \frac{1}{6}bh^2 = \frac{1}{6} \times 600 \times 2^2 = 400 \text{ mm}^3$$

$$W_{nx} = W_x = 400 \text{ mm}^3$$

面板承受的线荷载标准值和设计值分别为

$$q_k = (0.250+3) \times 0.6 = 1.95 \text{ kN/m}$$

$$q = (1.2 \times 0.250 + 1.4 \times 3) \times 0.6 = 2.7 \text{ kN/m}$$

最大弯矩为

$$M_{max} = K_m q L^2 = 0.1 \times 2.7 \times 400^2 = 43\,200 \text{ N·mm}$$

由于

$$\sigma = \frac{M_{max}}{W_{nx}} = \frac{43\,200}{400} = 108 \text{ N/mm}^2 < f = 205 \text{ N/mm}^2$$

因此面板强度合格。

$$v_{max} = K_w \times \frac{q_k L^4}{100 EI} = 0.677 \times \frac{1.95 \times 400^4}{100 \times 2.01 \times 10^5 \times 400}$$

$$= 4.20 \text{ mm} > \frac{L}{150} = 2.67 \text{ mm}$$

因此面板变形不满足要求,应当增大截面,建议采用 2.5 mm 厚花纹钢板。

(2)中肋为 30 mm × 30 mm × 3.0 mm 的 L 形角钢,两端支承在边框上,按简支梁计算。

根据《热轧型钢》(GB/T 706—2016)查表 A.3 可得等边角钢的截面特性

$$I_x = 1.46 \times 10^4 \text{ mm}^4$$

$$W_x = 0.68 \times 10^3 \text{ mm}^3$$

$$W_{nx} = W_x = 0.68 \times 10^3 \text{ mm}^3$$

中肋承受的线荷载标准值和设计值分别为

$$q_k = (0.250+3) \times 0.4 = 1.3 \text{ kN/m}$$

$$q = (1.2 \times 0.25 + 1.4 \times 3) \times 0.4 = 1.8 \text{ kN/m}$$

最大弯矩为

$$M_{max} = \frac{1}{8}qL^2 = \frac{1}{8} \times 1.8 \times 10^{-3} \times 600^2 = 8.1 \times 10^4 \text{ N·mm}$$

因此

$$\sigma = \frac{M_{max}}{\gamma_x W_{nx}} = \frac{8.1 \times 10^4}{1 \times 0.68 \times 10^3} = 119.12 \text{ N/mm}^2 < f = 205 \text{ N/mm}^2$$

因此中肋强度合格。

$$v_{max} = \frac{5q_kL^4}{384EI_x} = \frac{5 \times 1.3 \times 600^4}{384 \times 2.01 \times 10^5 \times 1.46 \times 10^4} = 0.75 \text{ mm} < \frac{L}{150} = 4 \text{ mm}$$

因此中肋变形满足要求。

（3）通过螺栓连接 2 个 63 mm×40 mm×4.0 mm 的 L 形角钢实现主板和副板的连接，下面对角钢进行验算。

根据《热轧型钢》（GB/T 706—2016）查表 A.4 可得单个不等边角钢的截面特性如下：

$$A = 406 \text{ mm}^2$$
$$I_x = 16.49 \times 10^4 \text{ mm}^4$$
$$W_x = 3.87 \times 10^3 \text{ mm}^3$$

2 个角钢承受的荷载标准值和设计值分别为

$$q_k = (0.250 + 3) \times 0.3 + (0.208\ 3 + 0.5) \times (0.2 + 0.4) = 1.4 \text{ kN/m}$$
$$q = (1.2 \times 0.250 + 1.4 \times 3) \times 0.3 + (1.2 \times 0.208\ 3 + 1.4 \times 0.5) \times (0.2 + 0.4)$$
$$= 1.92 \text{ kN/m}$$

最大弯矩为

$$M_{max} = \frac{1}{8}qL^2 = \frac{1}{8} \times 1.92^{-3} \times 2\ 000^2 = 9.6 \times 10^5 \text{ N·m}$$

因此

$$\sigma = \frac{M_{max}}{2W_x} = \frac{9.6 \times 10^5}{2 \times 3.87 \times 10^3} = 124 \text{ N/mm}^2 < f = 205 \text{ N/mm}^2$$

因此边框强度合格。

$$v_{max} = \frac{5q_kL^4}{384E \cdot 2I_x} = \frac{5 \times 1.4 \times 2\ 000^4}{384 \times 2.01 \times 10^5 \times 2 \times 16.49 \times 10^4} = 4.4 \text{ mm} < \frac{L}{150} = 13.33 \text{ mm}$$

因此边框变形满足要求。

第6章 架体立杆设计

6.1 常用立杆形式

架体构架的立杆主要承受架体竖向荷载和风荷载,并将竖向荷载通过水平支承桁架传递至主框架,将风荷载通过水平杆传递至主框架。立杆通常采用 Q235 材质的矩形钢管或方钢管冲孔而成,如图 6-1 所示。

图 6-1 立杆形式示意图

立杆的设计计算应包括下列内容:
(1)内立杆受压稳定性验算;
(2)外立杆压弯承载力验算;
(3)挠度验算;
(4)节点板和节点连接的焊缝或螺栓的强度验算。

6.2 荷载参数

在进行立杆荷载计算时,先分别按内排桁架(内排架)和外排桁架(外排架)计算,再进行荷载比较,最后选取最不利的情况进行验算。

架体结构的立杆轴力包括立杆所受自重荷载和施工荷载,立杆还受水平风荷载所产生的弯矩,其受荷范围如图 6-2 所示,所受风荷载线荷载标准值 $w_k = w \times l_w$(kN/m)。

根据《建筑施工工具式脚手架安全技术规范》(JGJ 202—2010)的规定,对于水平支承桁架上部的脚手架,计算其立杆的稳定性时,其荷载效应组合应考虑如下两种情况:

(1)恒荷载 + 施工活荷载;

(2)恒荷载 +0.9 ×(施工活荷载 + 风荷载)。

验算抗弯强度、抗剪强度及整体稳定时,荷载效应组合为

$$S = 1.2S_{Gk} + 1.4S_{Qk}$$

验算挠度时,荷载效应组合为

$$S = S_{Gk} + S_{Qk}$$

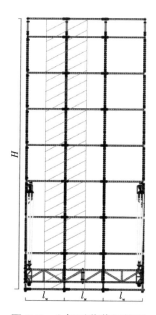

图 6-2 立杆受荷范围简图

在计算立杆的稳定性时,稳定系数需要根据长细比查表确定,在计算长细比时,立杆的计算长度应取纵向水平杆的竖向间距,即图 6-3 中的 l_h。

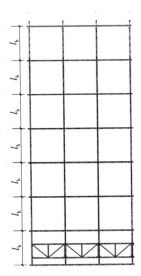

图 6-3　立杆计算长度取值示意图

6.3　内立杆承载力验算

对于内立杆,验算公式如下:

$$\sigma = \frac{N}{\varphi A} \leqslant f \tag{6-1}$$

式中　σ——立杆的应力值(N/mm^2);

　　　　N——轴压力设计值(N);

　　　　φ——轴心受压构件的稳定系数(取截面两主轴稳定系数中的较小者),
　　　　　　应按《建筑施工工具式脚手架安全技术规范》(JGJ 202—2010)
　　　　　　选取;

　　　　A——受压杆的截面面积(mm^2);

　　　　f——钢材的抗压强度设计值(N/mm^2)。

6.4　外立杆承载力验算

对于外立杆,需考虑是否计入风荷载效应的两种情况。

当不考虑风荷载时,计算公式同式(6-1)。

当有风荷载组合时,计算公式如下:

$$\sigma = \frac{N}{\varphi A} + \frac{M_x}{\gamma_x W_{nx}} \le f \qquad (6-2)$$

式中　σ——立杆的应力值(N/mm²);

　　　　N——轴压力设计值(N);

　　　　φ——轴心受压杆件的稳定系数(取截面两主轴稳定系数中的较小者),
　　　　　　应按《建筑施工工具式脚手架安全技术规范》(JGJ 202—2010)
　　　　　　选取;

　　　　A——受压杆的截面面积(mm²);

　　　　M_x——弯矩设计值(N·mm);

　　　　γ_x——截面塑性发展系数,本书统一取 1.0;

　　　　W_{nx}——净截面模量(mm³);

　　　　f——钢材的抗弯强度设计值(N/mm²)。

6.5　挠度验算

不考虑风荷载时,仅在轴力作用下,立杆发生竖向压缩变形,且沿杆长线性增长;考虑风荷载时,立杆出现侧向弯曲,变形形式与水平支承条件有关。

按照《建筑施工工具式脚手架安全技术规范》(JGJ 202—2010)中的规定,悬臂受弯杆件的挠度限值为 $L/400$(L 为受弯杆件跨度)和 40 mm 的较小值。当立杆最大变形值小于挠度限值时,刚度满足要求。

6.6　算例

立杆由 Q235B 材质的方钢管(60 mm × 60 mm × 4 mm)冲孔加工而成,冲孔间距为 100 mm(平均分布),内外立杆长度均为 4.1 m + 4.1 m + 6 m。立杆连接采用内插入式,并通过螺栓进行固定。

已知内排架自重 $G_内$=14.718 kN,外排架自重 $G_外$=14.798 kN,内排架在使用工况下活荷载标准值 $q_{内活使}$=15.274 kN,外排架在使用工况下活荷载标准值 $q_{外活使}$=11.7 kN。

风荷载标准值计算公式如下:

$$w_k = \beta_z \mu_z \mu_s w_0$$

式中　w_k——风荷载标准值（N/mm²）;

　　　β_z——风振系数，$\beta_z = 1$;

　　　μ_z——风压高度变化系数，$\mu_z = 1.5$（C 类地区，100 m）;

　　　μ_s——风荷载体型系数，$\mu_s = 1.287$;

　　　w_0——基本风压值。

网框尺寸为 1.2 m × 1.98 m，开孔数为 14 725 个，孔直径为 6 mm，则网片开孔率为

$$\pi / 4 \times 6^2 \times 14\,725 / (1\,200 \times 1\,980) = 0.175$$

挡风系数为

$$\phi = 1.2 \times (1 - 0.175) = 0.99$$

考虑是敞开式结构，风荷载体型系数为

$$\mu_s = 1.3\phi = 1.3 \times 0.99 = 1.287$$

基本风压值：$w_{0使} = 0.3 \text{ kN/m}^2$（天津地区 10 年一遇），$w_{0升降} = 0.25 \text{ kN/m}^2$。

因此，风荷载标准值 $w_{k使} = 1 \times 1.5 \times 1.287 \times 0.3 = 0.58 \text{ kN/m}^2$。

立杆截面为 60 mm × 60 mm × 4 mm，则

$$A = 60^2 - 52^2 = 896 \text{ mm}^2$$

$$I_x = I_y = \frac{1}{12} \times 60^4 - \frac{1}{12} \times 52^4 = 470\,698.7 \text{ mm}^4$$

$$W_x = W_y = \frac{I}{\dfrac{h}{2}} = \frac{470\,698.7}{\dfrac{60}{2}} = 15\,690 \text{ mm}^3$$

$$i_x = i_y = \sqrt{\frac{I}{A}} = \sqrt{\frac{470\,698.7}{896}} = 22.92 \text{ mm}$$

$$\lambda_x = \lambda_y = \frac{l}{i} = \frac{2\,000}{22.92} = 87.26$$

查表得 $\varphi = 0.673$。

根据图 6-4，确定立杆受荷情况，并验算如下。

1. 架体构架内立杆验算

作用在内立杆上的轴力为 $(1.2G_内 + 1.4q_{内活使})/3 = (1.2 \times 14.718 + 1.4 \times 15.274)/3 = 13.02 \text{ kN}$。

$$\sigma = \frac{N}{\varphi A} = \frac{13.02 \times 10^3}{0.673 \times 896} = 21.59 \text{ N/mm}^2 < f = 215 \text{ N/mm}^2$$

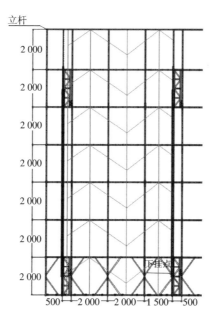

图 6-4　立杆受荷范围简图

因此内立杆强度合格。

2. 架体构架外立杆验算（不考虑风荷载）

作用在外立杆上的轴力为 $(1.2G_{外} + 1.4q_{外活使})/3 = (1.2 \times 14.798 + 1.4 \times 11.7)/3 = 11.379 \text{ kN}$。

$$\sigma = \frac{N}{\varphi A} = \frac{11.379 \times 10^3}{0.673 \times 896} = 18.87 \text{ N/mm}^2 < f = 215 \text{ N/mm}^2$$

因此外立杆强度在不考虑风荷载时强度合格。

3. 架体构架外立杆验算（考虑风荷载）

作用在外立杆上的轴力为 $(1.2G_{外} + 1.4 \times 0.9 \times q_{外活使})/3 = (1.2 \times 14.798 + 1.4 \times 0.9 \times 11.7)/3 = 10.833 \text{ kN}$。

由风荷载设计值产生的立杆段弯矩 M_x，可按下式计算：

$$M_x = 0.9 \times 1.4 \times \frac{w_k \times l_h \times h^2}{8} = 0.9 \times 1.4 \times \frac{0.58 \times 2 \times 2^2}{8} = 0.73 \text{ kN} \cdot \text{m}$$

$$W_{nx} = W_x = 15\,690 \text{ mm}^3$$

$$\sigma = \frac{N}{\varphi A} + \frac{M_x}{\gamma_x W_{nx}} = \frac{10.833 \times 10^3}{0.673 \times 896} + \frac{0.73 \times 10^6}{1 \times 15\,690} = 64.49 \text{ N/mm}^2 < f = 215 \text{ N/mm}^2$$

因此外立杆在考虑风荷载时强度合格。

第7章　水平支承桁架设计

7.1　常用水平支承桁架形式

　　水平支承桁架是主要承受架体竖向荷载,并将竖向荷载传递至竖向主框架的水平支承结构。根据《建筑施工工具式脚手架安全技术规范》(JGJ 202—2010)的规定,水平支承桁架应构成空间几何不变体系的稳定结构,与主框架的连接应设计成铰接并应使水平支承桁架形成静定结构,一般要求水平支承桁架上部脚手架立杆的集中荷载必须作用在桁架上弦的节点上(图 7-1),但是当由于架体构造原因,立杆的集中荷载难以直接作用到桁架上弦的节点时(图 7-2),应考虑附加弯矩作用的影响。

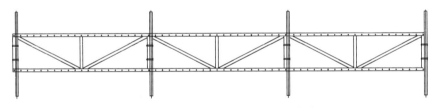

图 7-1　立杆直接作用于桁架上弦节点

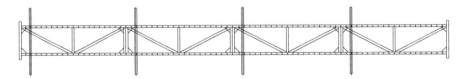

图 7-2　立杆未直接作用于桁架上弦节点

水平支承桁架的设计计算应包括下列内容:
　　(1)节点荷载设计值;
　　(2)杆件内力;
　　(3)杆件最不利组合内力;
　　(4)最不利杆件强度和压杆稳定性;
　　(5)挠度;

（6）节点板和节点焊缝或螺栓连接的强度。

7.2　荷载参数

在对内外侧的平面桁架进行受力分析计算时,应按平面桁架为铰接结构、立杆的竖向荷载作用在平面桁架的节点上,分别对内排桁架（内排架）、外排桁架（外排架）进行计算。在操作层,内、外排架活荷载的分配应通过小横杆支座反力求得,然后进行荷载比较,选取最不利的情况进行设计计算。

为简化起见,在计算整体桁架结构时,将立杆传来的竖向力全部考虑为上弦节点荷载,节点荷载设计值应按下式计算:

$$N = \gamma_G \sum N_{Gik} + \gamma_Q \sum N_{Qik} \tag{7-1}$$

式中　N——节点荷载设计值（N）;

　　　γ_G——恒荷载分项系数;

　　　γ_Q——活荷载分项系数;

　　　$\sum N_{Gik}$——单根立杆所承受的永久荷载标准值总和（N）,包括单根立杆负荷范围内的架体杆件、脚手板、翻板、防护网等的自重标准值;

　　　$\sum N_{Qik}$——单根立杆所承受的施工荷载标准值总和（N）,包括单根立杆负荷范围内的各作业层的施工荷载标准值。

（1）当采用间隔加载的单跨水平支承结构时,应按单跨水平桁架受力分析图（图 7-3）对水平桁架结构进行杆件内力分析计算。

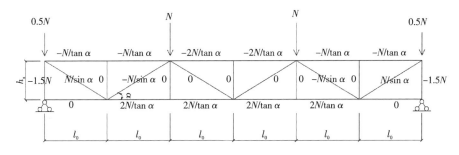

图 7-3　间隔加载的单跨水平桁架受力分析图

注:N 为立杆作用于内、外排架的竖向力设计值,应根据架体内、外立杆的负荷面积分别按式(7-1)计算;
　　l_0 为水平桁架竖杆的水平间距;h_s 为水平桁架高度;α 为水平桁架斜杆与下弦杆夹角。

（2）当采用非间隔加载的单跨两端悬挑水平支承结构时,应按单跨两端悬挑水平桁架受力分析图（图 7-4）对水平桁架结构进行杆件内力分析计算。

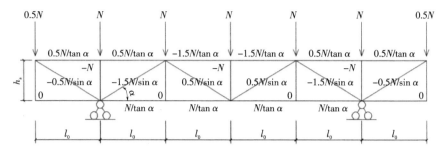

图 7-4　非间隔加载单跨两端悬挑水平桁架受力分析图

（3）当采用多跨连续水平支承结构时,宜分别选取连续三跨的内外侧平面桁架按结构力学求解方法对平面桁架进行杆件内力分析计算,也可按多跨连续水平桁架受力分析图（图 7-5）对水平桁架进行杆件内力分析计算,但对于按多跨连续水平桁架受力分析图计算结果设计的平面桁架,应按杆件最大受压、受拉内力统一规格设置水平桁架的水平弦杆、斜杆、竖杆。

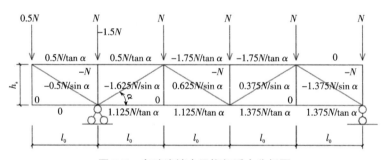

图 7-5　多跨连续水平桁架受力分析图

（4）对于立杆的集中荷载不直接作用于桁架上弦节点的情况（图 7-6）,应考虑附加弯矩的影响,将上弦杆视为连续梁进行计算。

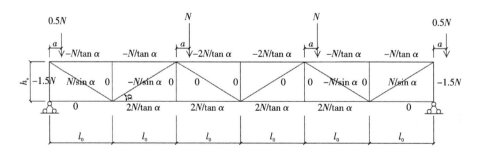

图 7-6　集中荷载不直接作用于桁架上弦节点时的受力分析图

7.3 承载力验算

水平支承桁架中受拉杆件的强度应按下式计算：

$$\sigma = \frac{N}{A_n} \leqslant f \qquad (7\text{-}2)$$

式中　σ——受拉杆的应力计算值（N/mm²）；

　　　N——受拉杆的最大轴力设计值（N）；

　　　A_n——受拉杆的净截面面积（mm²）；

　　　f——钢材的抗拉强度设计值（N/mm²），按《钢结构设计标准》（GB 50017—2017）选取。

水平支承桁架中受压杆件的稳定性应按下式计算：

$$\sigma = \frac{N}{\varphi A} \leqslant f \qquad (7\text{-}3)$$

式中　σ——受压杆的应力计算值（N/mm²）；

　　　N——受压杆最大轴力设计值（N）；

　　　A——受压杆的截面面积（mm²）；

　　　φ——中心受压杆件的稳定系数（取截面两主轴稳定系数中的较小者），可根据长细比查《建筑施工工具式脚手架安全技术规范》（JGJ 202—2010）得到；

　　　f——钢材的抗压强度设计值（N/mm²）。

当立杆竖向力未直接作用到桁架的上弦节点时，即上弦杆受弯矩和轴力的同时作用时，杆件稳定性应按下式计算：

$$\sigma = \frac{N}{\varphi A} + \frac{M_x}{\gamma_x W_{nx}} \leqslant f \qquad (7\text{-}4)$$

式中　σ——上弦杆的应力计算值（N/mm²）；

　　　N——杆件的最大轴力设计值（N）；

　　　A——杆件的截面面积（mm²）；

　　　φ——受压杆稳定系数（取截面两主轴稳定系数中的较小者），可根据长细比查《建筑施工工具式脚手架安全技术规范》（JGJ 202—2010）得到，当杆件所受轴力为拉力时不考虑 φ；

　　　M_x——弯矩设计值（N·mm）；

　　　γ_x——截面塑性发展系数，本书统一取 1.0；

W_{nx}——净截面模量（mm³）；

f——钢材的抗弯强度设计值（N/mm²）。

　　稳定系数需要根据各方向长细比中的最大值查表确定，也可根据各方向长细比查表得到稳定系数后，取较小者进行计算。如图 7-7 所示，对于上弦杆，在计算 y 方向长细比 λ_y 时，计算长度取 $l_w/2$；在计算 z 方向常细比 λ_z 时，计算长度取 l_w；在计算水平支承桁架斜腹杆的稳定性时，其计算长度取 l_0。

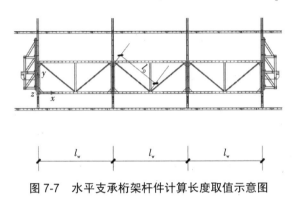

图 7-7　水平支承桁架杆件计算长度取值示意图

7.4　挠度验算

　　在立杆竖向力作用下，水平支承桁架的最大挠度出现在跨中。当桁架受到等间距布置的大小相等的 2 个竖向力时，计算公式为

$$v_{max} = \frac{6.81PL^3}{384EI_x} \leqslant [v] \tag{7-5}$$

当桁架受到等间距布置的大小相等的 3 个竖向力时，计算公式为

$$v_{max} = \frac{6.33PL^3}{384EI_x} \leqslant [v] \tag{7-6}$$

式中　v_{max}——水平支承结构在竖向力作用下，下弦杆的竖向位移最大值（mm）；

　　　　$[v]$——水平支承结构下弦杆竖向位移容许值（mm）；

　　　　P——单根立杆所承受的荷载标准值（N）；

　　　　L——桁架跨度（mm）；

　　　　EI_x——水平桁架绕 x 轴的等效抗弯刚度，其中 E 为材料的弹性模量（N/mm²），I_x 为等效截面惯性矩（mm⁴）。

水平桁架的等效截面示意图如图 7-8 所示。

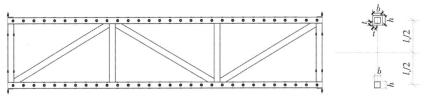

图 7-8　水平桁架的等效截面示意图

将水平桁架视为一格构式多跨连续梁,则等效截面惯性矩为

$$I_x = 2 \times \left[\frac{bh^3}{12} - \frac{(b-2t)(h-2t)^3}{12} + [bh - (b-2t)(h-2t)]\left(\frac{l_v}{2} - \frac{h}{2}\right)^2 \right] \quad (7\text{-}7)$$

式中　I_x——等效截面惯性矩(mm⁴);

　　　　b——上、下弦杆截面宽度(mm);

　　　　h——上、下弦杆截面高度(mm);

　　　　t——上、下弦杆截面厚度(mm);

　　　　l_v——水平桁架高度(mm)。

　　按照《建筑施工工具式脚手架安全技术规范》(JGJ 202—2010)的规定,水平支承桁架的挠度限值为 $L/250$(L 为受弯杆件跨度)和 20 mm 的较小值。当水平支承桁架的最大变形值小于挠度限值时,刚度满足要求。

7.5　算例

　　例 7-1　已知某架体跨度为 6 m,宽度为 0.6 m,其水平支承桁架的长为 6 m,高为 0.6 m,如图 7-9 所示。全部采用尺寸为 60 mm × 30 mm × 3 mm 的矩形钢管,所有连接螺栓均为 M16 螺栓。

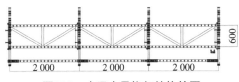

图 7-9　水平支承桁架结构简图

水平支承桁架荷载计算简图如图 7-10 所示。

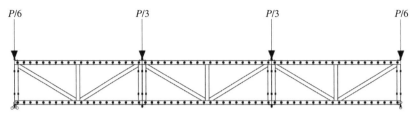

图 7-10   水平支承桁架荷载计算简图

P—内、外排架承担的荷载组合值

1. 恒荷载

$$P_{外恒} = 14.22 / 3 = 4.74 \text{ kN（外排架总重 14.22 kN）}$$

$$P_{内恒} = 14.41 / 3 = 4.80 \text{ kN（内排架总重 14.41 kN）}$$

2. 活荷载标准值

短横杆间距为 1 m 封闭层和作业层脚手板的施工活荷载标准值为 3 kN/m²，将其转换为短横杆线荷载 $q = 3 \text{ kN/m}$；脚手板的悬挑端仅作为防护及临时作业面，活荷载标准值取 0.5 kN/m²，将其转换为短横杆线荷载 $q = 0.5 \text{ kN/m}$，如图 7-11 所示。

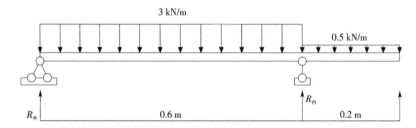

图 7-11   封闭层脚手板活荷载示意图

经过计算得（方法见例 3-2）

$$R_{外} = 0.883 \text{ kN}$$

$$R_{内} = 1.017 \text{ kN}$$

封闭层脚手板活荷载分配系数如下。

外排架分配系数为

$$M_{外} = R_{外} / (R_{外} + R_{内}) = 0.465$$

内排架分配系数为

$$M_{内} = 1 - M_{外} = 0.535$$

作业层脚手板施工活荷载为 $3\,\text{kN/m}^2$，将其转换为短横杆线荷载 $q = 3\,\text{kN/m}$，如图 7-12 所示。

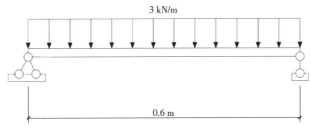

图 7-12　作业层脚手板活荷载示意图

作业层脚手板活荷载分配系数如下。

外排架分配系数为

$$M_{外} = 0.5$$

内排架分配系数为

$$M_{内} = 0.5$$

1）外排架使用工况活荷载标准值

当考虑在封闭层上施工时，该值为

$$\begin{aligned} q_{外活使} &= (2\times3\times0.6\times6 + 3\times0.5\times0.2\times6)\times0.465 \\ &= 10.88\,\text{kN} \end{aligned}$$

当考虑在作业层上施工时，该值为

$$q_{外活使} = 2\times3\times0.6\times6\times0.5 = 10.8\,\text{kN}$$

取二者中值较大者，则 $q_{外活使} = 10.88\,\text{kN}$。

2）外排架升降工况活荷载标准值

$$q_{外活升} = 3\times0.5\times0.6\times6\times0.5 = 2.7\,\text{kN}$$

3）内排架使用工况活荷载标准值

当考虑在封闭层上施工时，该值为

$$\begin{aligned} q_{内活使} &= (2\times3\times0.6\times6 + 3\times0.5\times0.2\times6)\times0.535 \\ &= 12.519\,\text{kN} \end{aligned}$$

当考虑在作业层上施工时，该值为

$$q_{内活使} = (2\times3\times0.6\times6)\times0.5 = 10.8\,\text{kN}$$

取二者中值较大者，则 $q_{内活使} = 12.519\,\text{kN}$。

4）内排架升降工况活荷载标准值

$$q_{内活升} = 3 \times 0.5 \times 0.6 \times 6 \times 0.5 = 2.7 \text{ kN}$$

因此，内、外排架在不同工况下的节点活荷载如下。

外排架在使用工况下的节点活荷载为

$$P_{外活使} = q_{外活使} / 3 = 10.88 / 3 = 3.63 \text{ kN}$$

外排架在升降工况下的节点活荷载为

$$P_{外活升} = q_{外活升} / 3 = 2.7 / 3 = 0.9 \text{ kN}$$

内排架在使用工况下的节点活荷载为

$$P_{内活使} = q_{内活使} / 3 = 12.519 / 3 = 4.173 \text{ kN}$$

内排架在升降工况下的节点活荷载为

$$P_{内活升} = q_{内活升} / 3 = 2.7 / 3 = 0.9 \text{ kN}$$

3. 上弦节点荷载设计值

上弦节点荷载设计值的计算公式为

$$P_{设} = 1.2 P_{恒} + 1.4 P_{活}$$

外排架在使用工况下的节点荷载设计值为

$$P_{外设使} = 1.2 \times 4.74 + 1.4 \times 3.63 = 10.77 \text{ kN}$$

外排架在升降工况下的节点荷载设计值为

$$P_{外设升} = 1.2 \times 4.74 + 1.4 \times 0.9 = 6.948 \text{ kN}$$

内排架在使用工况下的节点荷载设计值为

$$P_{内设使} = 1.2 \times 4.80 + 1.4 \times 4.173 = 11.602 \text{ kN}$$

内排架在升降工况下的节点荷载设计值为

$$P_{内设升} = 1.2 \times 4.80 + 1.4 \times 0.9 = 7.02 \text{ kN}$$

经比较得知，最不利的情况是在使用工况下的内排架，此时桁架节点荷载为 11.602 kN，以此作为水平支承桁架的设计荷载。

荷载布置图如图 7-13 所示。

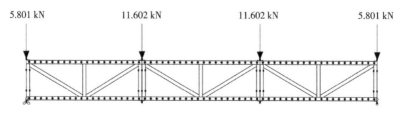

图 7-13　桁架荷载布置图（$1.2P_{恒} + 1.4P_{活}$）

图中 α 为桁架斜杆与水平杆的夹角, $\sin \alpha = \dfrac{600}{\sqrt{600^2 + 1\,000^2}} = \dfrac{600}{1\,166.2} = 0.514\,5$,

$\cos \alpha = \dfrac{1\,000}{\sqrt{600^2 + 1\,000^2}} = 0.857\,5$, 由图 7-3 可得轴力图（图 7-14）, 可知: 桁架最

大拉力为 38.68 kN, 出现在下弦杆; 上弦杆最大压力为 38.68 kN（图 7-14 中负号表示受压）; 腹杆最大压力为 22.55 kN; 竖腹杆最大压力为 17.403 kN。

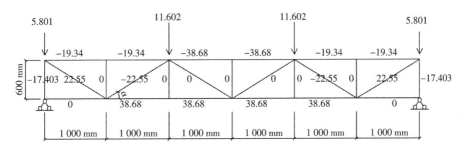

图 7-14　实际荷载作用轴力图(kN)

桁架杆件截面均为 $60\ \text{mm} \times 30\ \text{mm} \times 3\ \text{mm}$,

$$A_{\text{n}} = A = 60 \times 30 - 54 \times 24 = 504\ \text{mm}^2$$

$$
\begin{aligned}
I_x &= \frac{1}{12} bh^3 - \frac{1}{12}(b - 2t)(h - 2t)^3 \\
&= \frac{1}{12} \times 30 \times 60^3 - \frac{1}{12} \times (30 - 2 \times 3)(60 - 2 \times 3)^3 \\
&= 225\,072\ \text{mm}^4
\end{aligned}
$$

$$W_x = \frac{I_x}{h/2} = \frac{225\,072}{60/2} = 7\,502.4\ \text{mm}^3$$

$$
\begin{aligned}
I_y &= \frac{1}{12} hb^3 - \frac{1}{12}(h - 2t)(b - 2t)^3 \\
&= \frac{1}{12} \times 60 \times 30^3 - \frac{1}{12} \times (60 - 2 \times 3)(30 - 2 \times 3)^3 \\
&= 72\,792\ \text{mm}^4
\end{aligned}
$$

$$W_y = \frac{I_y}{b/2} = \frac{72\,792}{30/2} = 4\,852.8\ \text{mm}^3$$

1）受拉杆件强度验算

$$\sigma = \frac{N}{A_{\text{n}}} = \frac{38\,680}{504} = 76.75\ \text{N/mm}^2 < f = 215\ \text{N/mm}^2$$

因此受拉杆件强度合格。

2）受压上弦杆稳定验算

$$i_x = \sqrt{\frac{I_x}{A}} = \sqrt{\frac{225\,072}{504}} = 21.13\,\text{mm}$$

$$\lambda_x = \frac{l_x}{i_x} = \frac{1\,000}{21.13} = 47.33$$

$$i_y = \sqrt{\frac{I_y}{A}} = \sqrt{\frac{72\,792}{504}} = 12.02\,\text{mm}$$

$$\lambda_y = \frac{l_y}{i_y} = \frac{1\,000}{12.02} = 83.20 > \lambda_x$$

由 λ_y 查《建筑施工工具式脚手架安全技术规范》（JGJ 202—2010）附录 A 可知稳定系数 $\varphi = 0.698$。受压上弦杆的应力值为

$$\sigma = \frac{N}{\varphi A} = \frac{38\,680}{0.698 \times 504} = 109.95\,\text{N/mm}^2 \leqslant f = 215\,\text{N/mm}^2$$

因此受压上弦杆稳定性满足要求。

3）受压腹杆稳定验算

因 I_x=225 072 mm⁴>I_y=72 792 mm⁴，故 y 方向杆件更易失稳。

腹杆长度为 $l_x = l_y = \sqrt{600^2 + 1\,000^2} = 1\,166.19\,\text{mm}$

$$i_y = \sqrt{\frac{I_y}{A}} = \sqrt{\frac{72\,792}{504}} = 12.02\,\text{mm}$$

$$\lambda_y = \frac{l_y}{i_y} = \frac{1\,166.19}{12.02} = 97.02$$

查《建筑施工工具式脚手架安全技术规范》（JGJ 202—2010）附录 A 可知稳定系数 $\varphi = 0.603$。受压腹杆的应力值为

$$\sigma = \frac{N}{\varphi A} = \frac{22\,550}{0.603 \times 504} = 74.2\,\text{N/mm}^2 \leqslant f = 215\,\text{N/mm}^2$$

因此受压腹杆稳定性满足要求。

4）水平支承桁架位移验算

对内排架在使用工况下

$$P_k = P_恒 + P_活 = 4.80 + 4.173 = 8.973\,\text{kN}$$

水平支承桁架的最大位移出现在跨中

$$v_{max} = \frac{6.81 P_k L^3}{384 E I_x}$$

$$= \frac{6.81 \times 8\,973 \times 6\,000^3}{384 \times 206\,000 \times 2 \times \left(\frac{1}{12} \times 30 \times 60^3 - \frac{1}{12} \times 24 \times 54^3 + (30 \times 60 - 24 \times 54) \times 300^2\right)}$$

$$= 1.83 \text{ mm} < [v] = \min\left\{\frac{L}{250}, 20\right\} = \min\{8, 20\} = 8 \text{ mm}$$

因此水平支承桁架变形满足要求。

例 7-2　水平支承桁架的跨距为 2 m，跨数为 3，宽度为 0.65 m，高度为 0.85 m，如图 7-15 所示。桁架横边框和竖边框采用 50 mm × 50 mm × 3 mm 的方钢管，中肋和斜撑采用 40 mm × 40 mm × 3 mm 的方钢管，加强板采用厚度为 5 mm 的钢板，桁架荷载计算简图如图 7-16 所示。

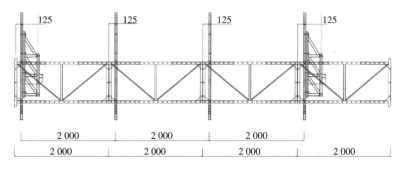

图 7-15　水平支承桁架结构简图(mm)

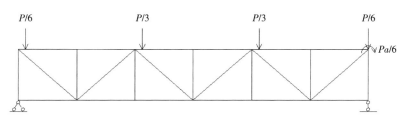

图 7-16　水平支承桁架荷载计算简图

P 为内 / 外排架承担的荷载组合值(kN)；*a* 为立杆与水平桁架竖腹杆的水平距离，对于本算例，*a*=125 mm

1. 恒荷载

$$P_{外恒} = 17.84 / 3 = 5.95 \text{ kN（外排架总重 17.84 kN）}$$

$$P_{内恒} = 13.38 / 3 = 4.46 \text{ kN（内排架总重 13.38 kN）}$$

2. 活荷载标准值

短横杆间距为 0.6 m 封闭层和作业层脚手板的施工活荷载标准值为 3 kN/m²，将其转换为短横杆线荷载 $q = 1.8$ kN/m；脚手板悬挑端仅作为防护及临时作业面,活荷载标准值取 0.5 kN/m^2,将其转换为短横杆线荷载 $q = 0.3 \text{ kN/m}$,如图 7-17 所示。

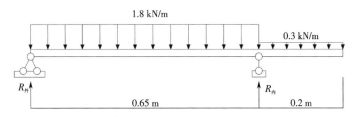

图 7-17　封闭层脚手板活荷载示意图

经过计算得(方法见例 3-2)

$$R_{外} = 0.576 \text{ kN}$$

$$R_{内} = 0.654 \text{ kN}$$

封闭层脚手板活荷载分配系数如下。

外排架分配系数为

$$M_{外} = R_{外} / (R_{外} + R_{内}) = 0.47$$

内排架分配系数为

$$M_{内} = 1 - M_{外} = 0.53$$

作业层脚手板施工活荷载为 3 kN/m^2,将其转换为短横杆线荷载 $q = 1.8 \text{ kN/m}$,如图 7-18 所示。

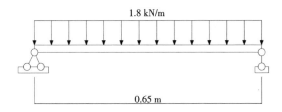

图 7-18　作业层脚手板活荷载示意图

作业层脚手板活荷载分配系数如下。

外排架分配系数为

$$M_{外} = 0.5$$

内排架分配系数为

$$M_{内} = 0.5$$

1）外排架使用工况活荷载标准值

当考虑在封闭层上施工时，该值为

$$q_{外活使} = 2 \times 3 \times 0.65 \times 2 \times 3 + 2 \times 3 \times 0.2 \times 2 \times 0.5 \times 0.47 = 11.562 \text{ kN}$$

当考虑在作业层上施工时，该值为

$$q_{外活使} = 2 \times 3 \times 0.65 \times 2 \times 3 \times 0.5 = 11.7 \text{ kN}$$

取二者中值较大者，则 $q_{外活使} = 11.7 \text{ kN}$。

2）外排架升降工况活荷载标准值

$$q_{外活升} = 2 \times 3 \times 0.65 \times 3 \times 0.5 \times 0.5 = 2.925 \text{ kN}$$

3）内排架使用工况活荷载标准值

当考虑在封闭层上施工时，该值为

$$q_{内活使} = 2 \times 3 \times 0.65 \times 2 \times 3 + 2 \times 3 \times 0.2 \times 2 \times 0.5 \times 0.53 = 13.038 \text{ kN}$$

当考虑在作业层上施工时，该值为

$$q_{内活使} = 2 \times 3 \times 0.65 \times 2 \times 3 \times 0.5 = 11.7 \text{ kN}$$

取二者中值较大者，则 $q_{内活使} = 13.038 \text{ kN}$。

4）内排架升降工况活荷载标准值

$$q_{内活升} = 2 \times 3 \times 0.65 \times 3 \times 0.5 \times 0.5 = 2.925 \text{ kN}$$

外排架在使用工况下的节点活荷载为

$$P_{外活使} = q_{外活使} / n = 11.7 / 3 = 3.9 \text{ kN}$$

外排架在升降工况下的节点活荷载为

$$P_{外活升} = q_{外活升} / n = 2.925 / 3 = 0.975 \text{ kN}$$

内排架在使用工况下的节点活荷载为

$$P_{内活使} = q_{内活使} / n = 13.038 / 3 = 4.346 \text{ kN}$$

内排架在升降工况下的节点活荷载为

$$P_{内活升} = q_{内活升} / n = 2.925 / 3 = 0.975 \text{ kN}$$

3. 上弦节点荷载设计值

上弦节点荷载设计值的计算公式为

$$P_{设} = 1.2 P_{恒} + 1.4 P_{活}$$

外排架在使用工况下的节点荷载设计值为

$$P_{外设使} = 1.2 \times 5.95 + 1.4 \times 3.9 = 12.6 \text{ kN}$$

外排架在升降工况下的节点荷载设计值为

$$P_{外设升} = 1.2 \times 5.95 + 1.4 \times 0.975 = 8.51 \text{ kN}$$

内排架在使用工况下的节点荷载设计值为

$$P_{内设使} = 1.2 \times 4.46 + 1.4 \times 4.346 = 11.44 \text{ kN}$$

内排架在升降工况下的节点荷载设计值为

$$P_{内设升} = 1.2 \times 4.46 + 1.4 \times 0.975 = 6.72 \text{ kN}$$

经比较得知,最不利的情况是在使用工况下的外排架,此时桁架节点荷载为 12.6 kN,以此作为水平支承桁架的设计荷载。

荷载布置图如图 7-19 所示。

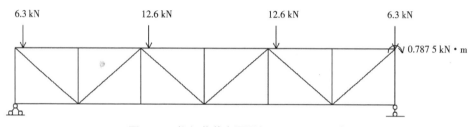

图 7-19   桁架荷载布置图($1.2P_{恒} + 1.4P_{活}$)

计算可得弯矩如图 7-20 所示。

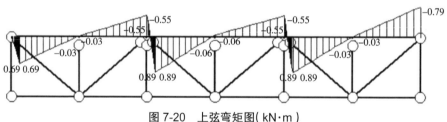

图 7-20   上弦弯矩图(kN·m)

桁架横边框和竖边框采用 50 mm × 50 mm × 3 mm 的方钢管,中肋和斜撑采用 40 mm × 40 mm × 3 mm 的方钢管。由轴力图(图 7-21)可知:上弦杆轴力最大值为 29.72 kN(图 7-21 中负号表示受压),此时杆件弯矩也最大,为 0.89 kN·m;中肋和斜撑所受拉力最大值是 19.58 kN;压力最大值为 19.64 kN;两侧竖边框所受压力为 19.69 kN;下弦杆最大拉力为 29.37 kN。

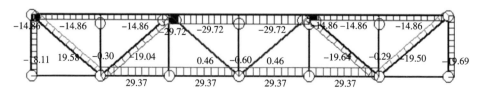

图 7-21   杆件轴力图(kN)

对 50 mm×50 mm×3 mm 的方钢管

$$A_n=A=50\times50-(50-2\times3)\times(50-2\times3)=564\text{ mm}^2$$

$$\begin{aligned}I_x&=\frac{1}{12}bh^3-\frac{1}{12}(b-2t)(h-2t)^3\\&=\frac{1}{12}\times50\times50^3-\frac{1}{12}\times(50-2\times3)\times(50-2\times3)^3\\&=208\,492\text{ mm}^4=I_y\end{aligned}$$

$$W_x=\frac{I_x}{h/2}=\frac{208\,492}{50/2}=8\,339.7\text{ mm}^3=W_y=W_{nx}=W_{ny}$$

$$i_x=\sqrt{\frac{I_x}{A}}=\sqrt{\frac{208\,492}{564}}=19.23\text{ mm}=i_y$$

对 40 mm×40 mm×3 mm 的方钢管

$$A_n=A=40\times40-(40-2\times3)\times(40-2\times3)=444\text{ mm}^2$$

$$\begin{aligned}I_x&=\frac{1}{12}bh^3-\frac{1}{12}(b-2t)(h-2t)^3\\&=\frac{1}{12}\times40\times40^3-\frac{1}{12}\times(40-2\times3)\times(40-2\times3)^3\\&=101\,972\text{ mm}^4=I_y\end{aligned}$$

$$W_x=\frac{I_x}{h/2}=\frac{101\,972}{40/2}=5\,098.6\text{ mm}^3=W_y$$

$$i_x=\sqrt{\frac{I_x}{A}}=\sqrt{\frac{101\,972}{444}}=15.155\text{ mm}=i_y$$

1）上弦杆强度验算

$$\sigma=\frac{N}{A}+\frac{M_x}{\gamma W_{nx}}=\frac{29\,720}{564}+\frac{890\,000}{1\times8\,339.7}=159.41\text{ N/mm}^2<f=215\text{ N/mm}^2$$

因此受拉上弦杆强度合格。

受压力最大的杆件长度为 1 000 mm，轴力为 29.72 kN，弯矩为 0.89 kN·m，采用截面为 50 mm×50 mm×3 mm 的方钢管。则长细比的计算方法为

$$\lambda_x=\frac{l}{i_x}=\frac{1\,000}{19.23}=52=\lambda_y$$

查《建筑施工工具式脚手架安全技术规范》（JGJ 202—2010）附录 A 可知稳定系数 $\varphi=0.846$。

$$\sigma=\frac{N}{\varphi A}+\frac{M_x}{\gamma_x W_{nx}}=\frac{29\,720}{0.846\times564}+\frac{890\,000}{1\times8\,339.7}=169.02\text{ N/mm}^2<f=215\text{ N/mm}^2$$

因此受压上弦杆稳定性满足要求。

2）中肋和斜撑强度验算

$$\sigma = \frac{N}{A} = \frac{19\,580}{444} = 44.1\ \text{N/mm}^2 < f = 215\ \text{N/mm}^2$$

因此受拉中肋和斜撑强度合格。

受压力最大杆件长度为 1 312.44 mm，压力为 19.64 kN，采用截面为 40 mm × 40 mm × 3 mm 的方钢管。中肋和斜撑的长细比计算方法为

$$\lambda_x = \frac{l}{i_x} = \frac{1\,312.44}{15.155} = 86.6 = \lambda_y$$

查《建筑施工工具式脚手架安全技术规范》（JGJ 202—2010）附录 A 可知稳定系数 $\varphi = 0.680$。则受压中肋和斜撑的应力值为

$$\sigma = \frac{N}{\varphi A} = \frac{19\,640}{0.680 \times 444} = 65.05\ \text{N/mm}^2 < f = 215\ \text{N/mm}^2$$

因此受压中肋和斜撑受压稳定性合格。

3）竖边框稳定验算

$$\lambda_x = \frac{l}{i_x} = \frac{850}{19.23} = 44.2 = \lambda_y$$

查《建筑施工工具式脚手架安全技术规范》（JGJ 202—2010）附录 A 可知稳定系数 $\varphi = 0.868$。则竖边框的应力值为

$$\sigma = \frac{N}{\varphi A} = \frac{19\,690}{0.868 \times 564} = 40.22\ \text{N/mm}^2 < f = 215\ \text{N/mm}^2$$

因此竖边框受压稳定性合格。

4）下弦杆稳定验算

$$\lambda_x = \frac{l}{i_x} = \frac{1\,000}{19.23} = 52 = \lambda_y$$

查《建筑施工工具式脚手架安全技术规范》（JGJ 202—2010）附录 A 可知稳定系数 $\varphi = 0.846$。则下弦杆的应力值为

$$\sigma = \frac{N}{\varphi A} = \frac{29\,370}{0.846 \times 564} = 61.55\ \text{N/mm}^2 < f = 215\ \text{N/mm}^2$$

因此下弦杆受压稳定性合格。

5）水平支承桁架位移验算

外排架在使用工况下节点荷载标准值

$$P_k = 5.95 + 3.9 = 9.85\ \text{kN} = 9\,850\ \text{N}$$

水平支承桁架最大位移出现在跨中

$$v_{max} = \frac{6.81 P_k L^3}{384 EI}$$

$$= \frac{6.81 \times 9\,850 \times 6\,000^3}{384 \times 206\,000 \times 2 \times \left(\frac{1}{12} \times 50 \times 50^3 - \frac{1}{12} \times 44 \times 44^3 + (50 \times 50 - 44 \times 44) \times 425^2 \right)}$$

$$= 0.897 \text{ mm} < [v] = \min\left\{ \frac{L}{250}, 20 \right\} = \min\{8, 20\} = 8 \text{ mm}$$

因此水平支承桁架变形满足要求。

第8章 主框架设计

8.1 常用主框架形式

主框架主要由导轨、内立杆、外立杆和内、外立杆之间的支撑组成,通过附着支承装置与建筑结构相连,将架体荷载传递到建筑结构上。内、外立杆之间的支撑可以采用 N 字撑,亦可以采用三角撑。

全钢附着式升降脚手架按照竖向主框架的构造形式可分为单片式(图 8-1)和空间式(图 8-2)。

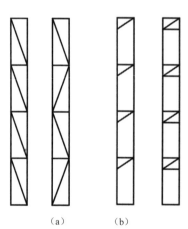
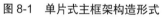

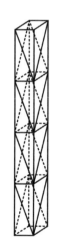

（a） （b）

图 8-1 单片式主框架构造形式

（a）按桁架设计 （b）按刚架设计

图 8-2 空间式主框架构造形式

主框架是空间几何不变体系的稳定结构,且受力明确,其设计计算应包括下列内容:

（1）节点荷载标准值的计算;

（2）风荷载与垂直荷载作用下,竖向主框架杆件的内力设计值;

（3）将风荷载与垂直荷载组合,计算最不利杆件的内力设计值;

（4）最不利杆件强度和压杆稳定性以及受弯构件的变形计算;

（5）节点板及节点连接的焊缝或螺栓的强度计算。

目前，主框架大多为高次超静定结构，难以通过手算完成，因此大多通过分析软件建立模型进行计算，在建立模型前，应当明确其约束情况及荷载参数。

8.2　约束情况

竖向主框架应按使用工况和升降工况两种工况进行分析计算。

使用工况下的竖向主框架约束形式如图 8-3（a）所示。三个支座都有防向外倾的作用，所以都起到水平约束的作用，另外，底部的支座除了起防止主框架向外倾的作用外，主要还防止主框架下坠，即提供竖向约束。除此之外，由于在使用工况下，上部悬臂端在风荷载作用下变形会相对较大，所以需增加临时拉结，即水平约束，来减小悬臂端的变形。

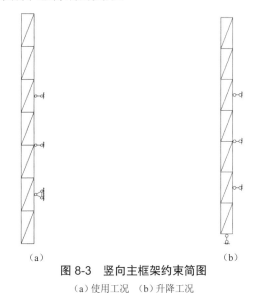

（a）　　　　　　　　　（b）

图 8-3　竖向主框架约束简图

（a）使用工况　（b）升降工况

升降工况下，竖向主框架与建筑物的三个拉结点都只起到防止主框架向外倾的作用，即只提供水平约束。另外，钢丝绳绕过底部承力架的滑轮，给整个主框架提供了向上的拉力，即竖向约束，约束简图如图 8-3（b）所示。

8.3　荷载参数

竖向主框架所承受的荷载包括竖向荷载和水平荷载。

竖向荷载包括内外水平支承桁架传递来的支座反力和纵向水平杆与竖向主框架相邻者直接传递的支座反力,风荷载可以按每根纵向水平杆挡风面承担的风荷载传递给主框架节点上的集中荷载计算。

前面已讲到,内、外立杆承受的荷载不同,所以自重荷载、施工荷载和风荷载应该分别施加在竖向主框架的内、外立杆上,如图 8-4 所示。注意图中风荷载仅表示了风压作用,但实际工况中应当既考虑风压作用,又考虑风吸作用。

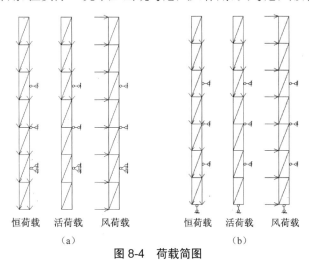

恒荷载　　活荷载　　风荷载　　　　　　恒荷载　　活荷载　　风荷载

(a)　　　　　　　　　　　　　　(b)

图 8-4　荷载简图

(a)使用工况　(b)升降工况

根据《建筑施工工具式脚手架安全技术规范》(JGJ 202—2010),进行竖向主框架计算时,荷载效应组合为:

(1)恒荷载 + 施工活荷载;

(2)恒荷载 +0.9 ×(施工活荷载 + 风荷载)。

取上述两种组合,分别计算荷载效应,按最不利的荷载效应组合对竖向主框架的强度和变形进行验算。

8.4　承载力验算

当轨道与竖向主框架通过焊接连接时应考虑轨道对竖向主框架的加强作用,否则不应考虑轨道对竖向主框架的加强作用。

竖向主框架中受拉杆件的应力应按下式计算:

$$\sigma = \frac{N}{A_n} \leqslant f \qquad\qquad (8\text{-}1)$$

式中　σ——受拉杆件应力计算值（N/mm²）；

N——拉杆最大轴力设计值（N）；

A_n——拉杆的净截面面积（mm²）；

f——钢材强度设计值（N/mm²）。

竖向主框架中受压杆件的应力应按下式计算：

$$\sigma = \frac{N}{\varphi A} \leqslant f \tag{8-2}$$

式中　σ——受压杆件应力计算值（N/mm²）；

N——压杆最大轴力设计值（N）；

A——压杆的截面面积（mm²）；

φ——中心受压压杆稳定系数（取截面两主轴稳定系数中的较小者），可根据长细比查《建筑施工工具式脚手架安全技术规范》（JGJ 202—2010）得到；

f——钢材强度设计值（N/mm²）。

竖向主框架中压弯杆件的应力应按下式计算：

$$\sigma = \frac{N}{\varphi A} + \frac{M_x}{\gamma_x W_{nx}} \leqslant f \tag{8-3}$$

式中　σ——压弯杆件应力计算值（N/mm²）；

N——最大轴压力设计值（N）；

A——截面面积（mm²）；

φ——压杆稳定系数，可根据长细比查《建筑施工工具式脚手架安全技术规范》（JGJ 202—2010）得到；

M_x——弯矩设计值（N·mm）；

γ_x——截面塑性发展系数，本书统一为 1.0；

W_{nx}——净截面模量（mm³）；

f——钢材强度设计值（N/mm²）。

8.5　挠度验算

竖向主框架悬臂端顶部为受弯构件，在计算竖向主框架顶部最大位移时，应根据爬升后顶部附着支座暂不能安装，竖向主框架顶部处于最大悬臂高度的工作状态进行计算。

竖向主框架在最大悬臂高度的工作状态下,顶部位移值应符合下式要求:

$$v \leq [v] \tag{8-4}$$

式中　v——竖向主框架顶部最大位移值(mm);

　　　$[v]$——竖向主框架顶部位移容许值(mm),应取 $L/400$,L 为竖向主框架
悬臂高度(mm)。

考虑到主框架顶部一般会设置临时拉结点,主框架底部位移可能大于顶部,因此底部位移值同样需要验算并满足式(8-4)的要求。

8.6　算例

脚手架跨度为 6 000 mm,高度为 15 000 mm,宽度为 640 mm,横杆步距为 2 000 mm。

主框架结构简图如图 8-5 所示,杆件编号图如图 8-6 所示,杆件截面信息见表 8-1。

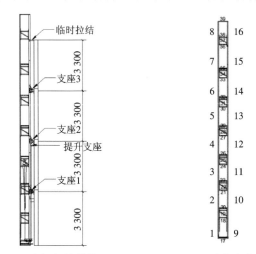

图 8-5　主框架结构简图　　　　图 8-6　主框架杆件编号图

表 8-1　主框架杆件截面信息

杆件号	截面规格	材料	杆件号	截面规格	材料
1~8	矩形管 80 mm × 40 mm × 3 mm	Q235	17~38	6.3# 槽钢	Q235
9~16	导轨截面	Q235	39	矩形管 60 mm × 30 mm × 3 mm	Q235

1. 升降工况

风荷载 $w_{k升降} = 0.5 \, \text{kN/m}^2$，将其转化为节点荷载

$$P = 1.4 \times 0.9 \times 0.5 \times 6 \times 2 = 7.56 \, \text{kN}$$

考虑到有风压和风吸作用，已知主框架受力简图如图 8-7 和图 8-8 所示。升降工况下，风压作用的验算结果、应力比结果分别如图 8-9 和图 8-10 所示；风吸作用的验算结果、应力比结果分别如图 8-11 和图 8-12 所示。

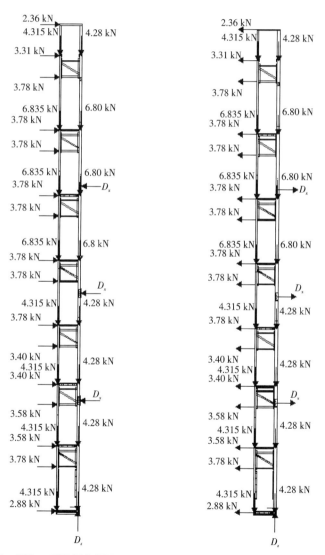

图 8-7　升降工况风压作用下　　　　图 8-8　升降工况风吸作用下

荷载示意图　　　　　　　　　　　　　荷载示意图

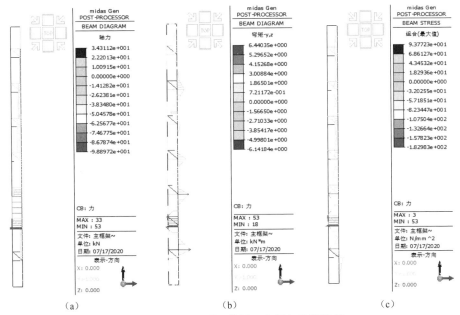

（a）　　　　　　　　　（b）　　　　　　　　　（c）

图 8-9　升降工况风压作用下主框架验算结果

（a）轴力图（kN）（b）弯矩图（kN•m）（c）应力图（N/mm²）

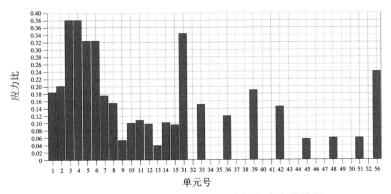

图 8-10　升降工况风压作用下主框架应力比结果

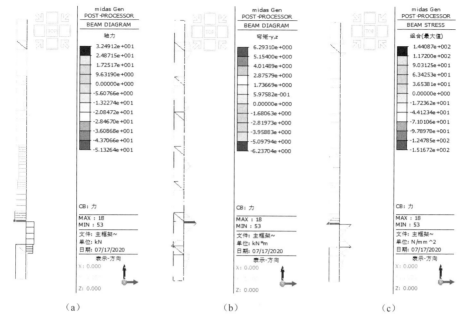

图 8-11 升降工况风吸作用下主框架验算结果

（a）轴力图（kN）（b）弯矩图（kN·m）（c）应力图（N/mm²）

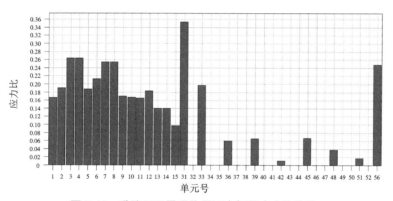

图 8-12 升降工况风吸作用下主框架应力比结果

由图 8-9 和图 8-11 可看出，在升降工况风压作用下主框架最大应力为 182.98 MPa < 215 MPa；在升降工况风吸作用下主框架最大应力为 151.67 MPa < 215 MPa。由图 8-10 和图 8-12 可看出，在升降工况时，风压和风吸作用下主框架的杆件应力比均小于 1.0，因此稳定性满足要求。

2. 使用工况

使用工况下的风荷载 $w_{k使用} = 0.599 \text{ kN/m}^2$，将其转化为节点荷载

$$P = 1.4 \times 0.9 \times 0.599 \times 6 \times 2 = 9.06 \text{ kN}$$

在风压和风吸作用下,已知主框架受力简图分别如图 8-13 和图 8-14 所示。使用工况下,风压作用的验算结果、应力比结果分别如图 8-15 和图 8-16 所示;风吸作用的验算结果、应力比结果分别如图 8-17 和图 8-18 所示。

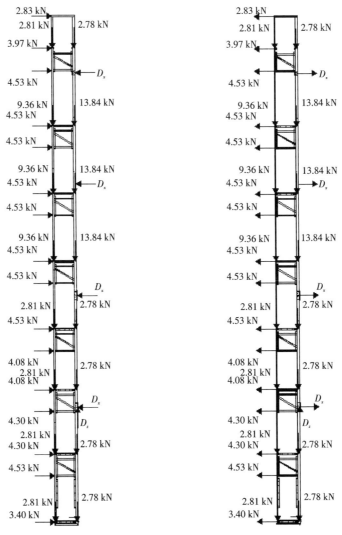

图 8-13　使用工况风压作用下　　　　图 8-14　使用工况风吸作用下
　　　　荷载示意图　　　　　　　　　　　　荷载示意图

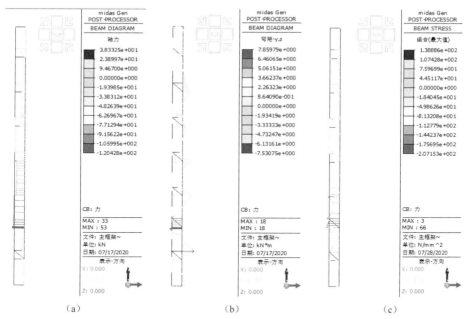

图 8-15 使用工况风压作用下主框架验算结果

（a）轴力图（kN）（b）弯矩图（kN•m）（c）应力图（N/mm²）

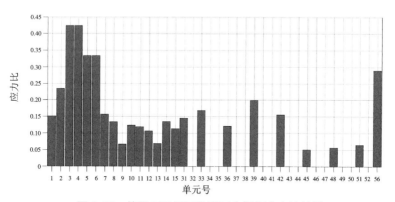

图 8-16 使用工况风压作用下主框架应力比结果

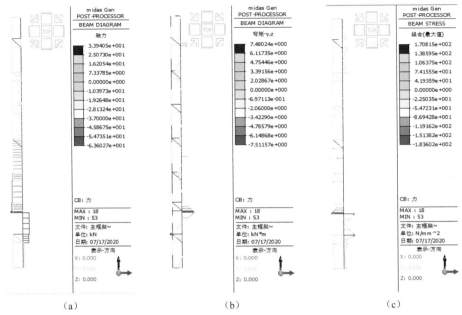

图 8-17 使用工况风吸作用下主框架验算结果

(a)轴力图(kN) (b)弯矩图(kN·m) (c)应力图(N/mm²)

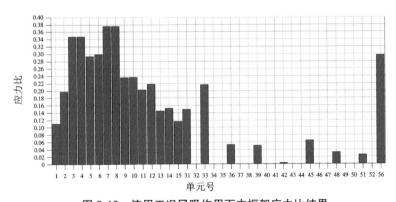

图 8-18 使用工况风吸作用下主框架应力比结果

由图 8-15 和图 8-17 可看出,在使用工况下,风吸作用下的杆件最大应力为 183.6 MPa < 215 MPa;风压作用下的杆件最大应力为 207.2 MPa < 215 MPa。因此,结构强度满足要求。

由图 8-16 和图 8-18 可看出,在使用工况下,风压和风吸作用下的主框架杆件应力比均小于 1.0,因此稳定性满足要求。

使用工况下主框架变形结果如图 8-19 所示。结果表明,风压和风吸作用下的最大位移分别为 16.3 mm、8.4 mm,位移限值 $L/400 = 16.5$ mm。因此架体变形能够满足要求。

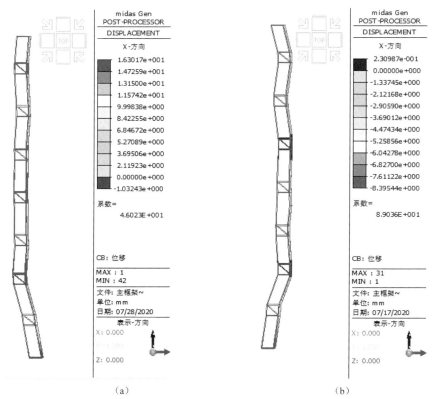

图 8-19 使用工况下主框架变形结果

(a)风压作用下结构变形(mm) (b)风吸作用下结构变形(mm)

第9章 导轨设计

导轨是附着在竖向主框架上,引导脚手架上升和下降的轨道。导轨与立杆共同承担竖向荷载及横向荷载,对架体的升降起导向作用。此外,导轨与导轮等组合件共同构成架体的防倾装置,保证架体沿导轨竖向移动。

常见导轨截面主要包括双钢管、双槽钢等焊接组合截面,如图 9-1 所示。

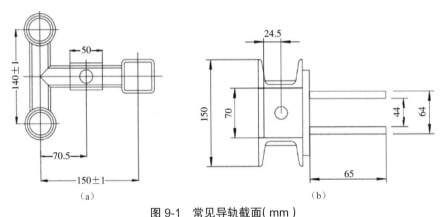

图 9-1 常见导轨截面(mm)
(a)双钢管组合截面 (b)双槽钢组合截面

导轨的设计计算应符合下列规定:
(1)荷载设计值应根据不同工况分别乘以相应的系数;
(2)应进行构件抗压稳定性、抗弯强度、抗剪强度、变形、焊缝强度、螺栓强度验算。

9.1 荷载参数

导轨承担的竖向荷载包括架体自重和施工活荷载,承担的水平荷载为由水平杆传递的风荷载,如图 9-2 所示。

在使用工况条件下,导轨的设计荷载应乘以附加荷载不均匀系数 1.3;在升降、坠落工况下,导轨的设计荷载应乘以附加荷载不均匀系数 2.0。

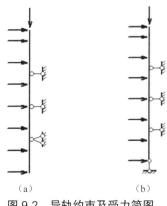

图 9-2 导轨约束及受力简图

(a)使用工况 (b)升降工况

9.2 导轨承载力和变形验算

首先对导轨进行抗压与抗弯验算:

$$\sigma = \frac{N}{\varphi A} + \frac{M_x}{\gamma_x W_{nx}} \leq f \tag{9-1}$$

式中 σ——导轨正应力计算值(N/mm²);

     N——轴压力设计值(N);

     A——截面面积(mm²);

     φ——受压杆件稳定系数(取截面两主轴稳定系数中的较小者),可根据长细比查《建筑施工工具式脚手架安全技术规范》(JGJ 202—2010)得到;

     M_x——弯矩设计值(N·mm);

     γ_x——截面塑性发展系数,本书统一为 1.0;

     W_{nx}——净截面模量(mm³);

     f——钢材强度设计值(N/mm²)。

导轨在使用工况下,顶部位移值应符合下式要求:

$$v \leq [v] \tag{9-2}$$

式中 v——导轨顶部位移最大值(mm);

     $[v]$——导轨顶部容许位移值(mm),应取 $L/400$,L 为导轨悬臂高度(mm)。

对于不同截面形式的导轨,其设计计算方法相同,不同之处仅在于截面特性的计算。

9.3   防坠梯杆验算

根据《建筑施工工具式脚手架安全技术规范》(JGJ 202—2010)的规定,考虑在结构施工的使用工况下坠落,瞬间标准荷载为 3 kN/m²,作用层数为 2 层;考虑在装修施工的使用工况下坠落,瞬间标准荷载为 2 kN/m²,作用层数为 3 层;且全钢附着式升降脚手架在坠落工况下,其设计荷载应乘以附加荷载不均匀系数 2.0。

在验算防坠装置时,防坠器按照单剪切面计算,防坠梯杆按照双剪切面计算。

防坠梯杆受剪承载力设计值应按下式计算:

$$N_v = n_v \frac{\pi D^2}{4} f_v^b > N \tag{9-3}$$

式中　　N_v——防坠梯杆受剪承载力(N);

　　　　N——架体坠落荷载(N);

　　　　n_v——受剪面数目;

　　　　D——防坠梯杆的直径(mm);

　　　　f_v^b——防坠梯杆的抗剪强度设计值(N/mm²)。

防坠梯杆的连接焊缝强度应按下式计算:

$$\tau_f = \frac{N}{2 l_w h_e} \leqslant f_f^w \tag{9-4}$$

式中　　τ_f——防坠梯杆连接焊缝所受剪应力(N/mm²)

　　　　N——架体坠落荷载(N);

　　　　h_e——直角角焊缝的计算厚度(mm),当两焊件间隙 $b \leqslant 1.5$ mm 时,取
　　　　　　　$h_e = 0.7 h_f$,当 1.5 mm $< b \leqslant 5$ mm 时,$h_e = 0.7(h_f - b)$,h_f 为焊脚尺寸
　　　　　　　(mm)。

　　　　l_w——角焊缝计算长度(mm),对每条焊缝取其实际长度减去 $2 h_f$。

　　　　f_f^w——角焊缝的强度设计值(N/mm²)。

9.4　算例

已知架体自重 G_k=31.22 kN,架体宽度为 0.65 m,跨度为 6 m,层高为 2 m,附着支座竖向间距为 3 m,升降工况下风荷载标准值为 0.58 kN/m²,使用工况下风荷载标准值为 0.69 kN/m²。

在升降工况下,导轨承担的轴向荷载为

$$P = 2 \times (1.2G_k + 1.4Q_k) = 2 \times (1.2 \times 31.22 + 1.4 \times 0.5 \times 3 \times 0.65 \times 6) = 91.31\,\text{kN}$$

在升降工况下,导轨承担的水平风荷载为

$$P = 2 \times 1.4 \times 0.9 \times w \times l \times h = 2 \times 1.4 \times 0.9 \times 0.58 \times 6 \times 2 = 17.54\,\text{kN}$$

图 9-3 为该导轨的截面图,由 $\phi48.3 \times 3.6$ 钢管和 50 mm×50 mm×4 mm 方钢管组合而成,防坠横杆使用 $\phi32$ 圆钢,连接杆和斜杆使用 $\phi32 \times 3.25$ 钢管。

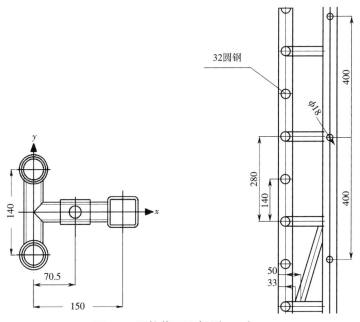

图 9-3　导轨截面示意图(mm)

经计算该截面相关参数如下:

$$A = 2 \times \left[\pi \times \left(\frac{48.3}{2} \right)^2 - \pi \times \left(\frac{48.3 - 3.6 \times 2}{2} \right)^2 \right] + 50^2 - (50-8)^2$$

$$= 1\,747\,\text{mm}^2$$

设截面重心坐标为(x_0, y_0)，则

$$y_0 = 0, \quad x_0 = \frac{A_1 x_1 + A_2 x_2 + A_3 x_3}{A_1 + A_2 + A_3}$$

其中，A_1 为 50 mm×50 mm×4 mm 方钢管（1 号）的截面积，x_1 为其重心 x 坐标；A_2 为 $\phi 48.3 \times 3.6$ 钢管（2 号）的截面积，x_2 为其重心 x 坐标；A_3 为另一个 $\phi 48.3 \times 3.6$ 钢管（3 号）的截面积，x_3 为其重心 x 坐标，则

$$A_1 = 50^2 - (50-8)^2 = 736 \text{ mm}^2$$

$$A_2 = A_3 = \pi \times \left(\frac{48.3}{2}\right)^2 - \pi \times \left(\frac{48.3 - 3.6 \times 2}{2}\right)^2 = 505.5 \text{ mm}^2$$

$$x_1 = 150, x_2 = x_3 = 0$$

则

$$x_0 = \frac{736 \times 150 + 505.5 \times 0 + 505.5 \times 0}{736 + 505.5 + 505.5} = 63.2 \text{ mm}$$

由平行移轴公式

$$I_{x0} = I_{x1} + I_{x2} + A_2 y_2^2 + I_{x3} + A_3 y_3^2$$

1 号钢管惯性矩

$$I_{x1} = \frac{1}{12} bh^3 - \frac{1}{12}(b-2t)(h-2t)^3 = I_{y1}$$

$$= \frac{1}{12} \times 50 \times 50^3 - \frac{1}{12} \times (50-8) \times (50-8)^3 = 261\,525 \text{ mm}^4$$

2 号钢管惯性矩

$$I_{x2} = \frac{1}{64} \pi d^4 - \frac{1}{64} \pi (d-2t)^4 = I_{y2} = I_{x3} = I_{y3}$$

$$= \frac{1}{64} \times \pi \times 48.3^4 - \frac{1}{64} \times \pi \times (48.3 - 2 \times 3.6)^4 = 127\,084 \text{ mm}^4$$

$$y_2 = y_3 = 70$$

则

$$I_{x0} = 261\,525 + 127\,084 + 505.5 \times 70^2 + 127\,084 + 505.5 \times 70^2 = 5.47 \times 10^6 \text{ mm}^4$$

$$I_{y0} = I_{y1} + A_1(x_1 - x_0)^2 + I_{y2} + A_2(x_2 - x_0)^2 + I_{y3} + A_3(x_3 - x_0)^2 = 261\,525 + 736 \times$$

$$(150 - 63.2)^2 + 127\,084 + 505.5 \times (0 - 63.2)^2 + 127\,084 + 505.5 \times (0 - 63.2)^2$$

$$= 8.08 \times 10^6 \text{ mm}^4$$

$$W_{x0} = \frac{I_{x0}}{y' - y_0}, \quad W_{y0} = \frac{I_{y0}}{x' - x_0}$$

y' 为截面上距 x 轴最远点的 y 坐标，x' 为截面上与 (y_0, y_2) 水平距离最远点的 x 坐标，则

$$y' = 70 + \frac{48.3}{2} = 94.15$$

$$x' = 150 + \frac{50}{2} = 175$$

故
$$W_{x0} = \frac{5.47 \times 10^6}{94.15 - 0} = 5.81 \times 10^4 \ mm^3$$

$$W_{y0} = \frac{8.08 \times 10^6}{175 - 63.2} = 7.23 \times 10^4 \ mm^3$$

则
$$i_{x0} = \sqrt{\frac{I_{x0}}{A}} = \sqrt{\frac{5.47 \times 10^6}{1\,747}} = 55.96 \ mm, \lambda_{x0} = \frac{l}{i_{x0}} = \frac{3\,000}{55.96} = 53.61$$

$$i_{y0} = \sqrt{\frac{I_{y0}}{A}} = \sqrt{\frac{8.08 \times 10^6}{1\,747}} = 68.01 \ mm, \lambda_{y0} = \frac{l}{i_{y0}} = \frac{3\,000}{68.01} = 44.11$$

由 λ_{x0} 查表得 $\varphi=0.839$。

通过结构力学求解器建立模型,如图 9-4 所示。

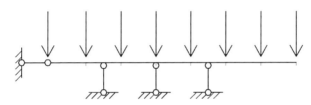

图 9-4　升降工况下风荷载作用及边界条件示意图

求得弯矩图如图 9-5 所示。

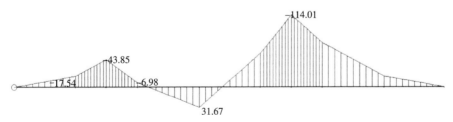

图 9-5　升降工况下风荷载产生的弯矩(kN·m)

考虑最不利情况时,导轨承担的压力和压应力分别为

$$N = 91.31 + 114.01 / 0.65 = 266.71 \ kN$$

其中 0.65 为架体宽度。

$$\sigma = \frac{N}{\varphi A} = \frac{266.71 \times 10^3}{0.839 \times 1\,747} = 181.96 \ N/mm^2 < 215 \ N/mm^2$$

因此受压稳定性满足要求。

升降工况下的导轨变形如图 9-6 所示。

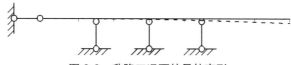

图 9-6　升降工况下的导轨变形

由结构力学求解器计算结果,导轨发生的最大变形为 0.398 mm < $L/400$ = 2 000/400 = 5 mm,因此刚度满足要求。

在使用工况下,导轨承担的轴向荷载为

$$P = 1.3 \times (1.2G_k + 1.4Q_k) = 1.3 \times (1.2 \times 31.22 + 1.4 \times 2 \times 3 \times 0.65 \times 6) = 91.29 \text{ kN}$$

在使用工况下,导轨承担的水平风荷载为

$$P = 1.3 \times 1.4 \times 0.9 \times w \times l \times h = 1.3 \times 1.4 \times 0.9 \times 0.69 \times 6 \times 2 = 13.56 \text{ kN}$$

通过结构力学求解器建立整个导轨的模型如图 9-7 所示。

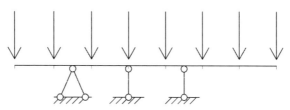

图 9-7　使用工况下风荷载作用及边界条件示意图

求得弯矩图如图 9-8 所示。

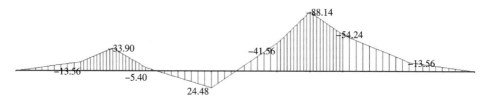

图 9-8　使用工况下风荷载产生的弯矩(kN·m)

考虑最不利情况时,导轨承担的压力和压应力分别为

$$N = 91.29 + 88.14 / 0.65 = 226.9 \text{ kN}$$

$$\sigma = \frac{N}{\varphi A} = \frac{226.9 \times 10^3}{0.839 \times 1\,747} = 154.8 \text{ N/mm}^2 < 215 \text{ N/mm}^2$$

因此受压稳定性满足要求。

使用工况下的导轨变形如图9-9所示。

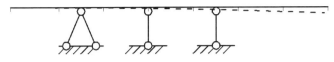

图 9-9　使用工况下的导轨变形

由结构力学求解器计算结果,导轨发生最大变形为 0.309 mm<L/400=2 000/400=5 mm,因此刚度满足要求。

第 10 章　附着支承装置设计

10.1　常见附着支座形式

附着支承装置由停层卸荷装置、防倾装置、防坠装置、附着支座和附着螺栓组成,主要作用是将架体传导过来的力传导到建筑结构上,并对架体提供约束作用。

升降时,导轨与架体一起沿防倾装置上下运动,附着支座对架体起导向和防倾作用。在使用状态下,导轨通过防坠挡杆、停层卸荷装置固定于附着支座上,将架体荷载传递给附着支座,再由附着支座传递给建筑结构,承传力直接明确。常见附着支座的形式如图 10-1 所示。

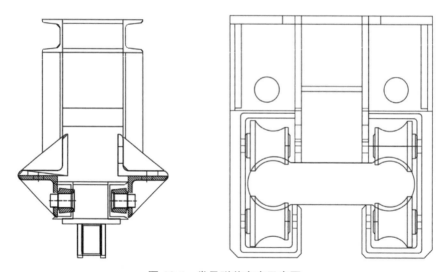

图 10-1　常见附着支座示意图

当建筑结构出现转折等特殊构造时,附着支座难以直接连接架体和建筑结构,此时应当设置转换件,如图 10-2 所示。

图 10-2　常见附着支座转换件

10.2　荷载参数

对全钢附着式升降脚手架的附着支承装置应进行下列计算。

（1）附着支座及组成附着支座的结构件强度、稳定承载力、连接强度。

（2）附着支座与建筑结构连接的附着螺栓强度。

（3）附着支座与建筑结构连接处混凝土结构的承载能力及附着螺栓处混凝土结构件的局部承压强度。

（4）防坠装置的强度。

（5）防倾装置的强度。

（6）在使用工况下，附着支座上架体固定装置的承载能力。

附着支座及组成附着支座的结构件的强度、稳定承载力、连接强度，应根据附着支座的结构和构造对其内部结构件进行详细的受力分析计算，并应按现行国家标准《钢结构设计标准》（GB 50017—2017）的规定进行设计。附着支承装置计算应符合下列规定：

（1）单个附着支承装置应能承受所在机位的全部竖向荷载设计值；

（2）应按单个附着支承装置所承受的竖向荷载、水平荷载及相应的弯矩，计算强度、稳定承载力及连接强度。

根据《建筑施工工具式脚手架安全技术规范》（JGJ 202—2010）的规定，计算附着支承装置时，其设计荷载值应乘以冲击系数 2.0。

10.3　停层卸荷装置验算

停层卸荷装置为轴心受压构件，在架体卸荷时防坠梯杆落入停层卸荷装置中,因此应对其承载能力进行验算。停层卸荷装置及其受力简图如图 10-3 所示,图 10-3(b)中,N 为架体坠落荷载,应对其按照沿停层卸荷装置轴线方向和垂直轴线方向进行分解,F_1 为其承受的轴力,F_2 为其承受的剪力。

$$\sigma = \frac{F_1}{\varphi A} \leqslant f \tag{10-1}$$

$$\tau = \frac{F_2}{A} \leqslant f_{\mathrm{v}} \tag{10-2}$$

式中　σ——停层卸荷装置承担的正应力(N/mm²);

　　　　τ——停层卸荷装置承担的剪应力(N/mm²);

　　　　A——停层卸荷装置最小截面处的截面面积(mm²);

　　　　φ——z 受压杆件稳定系数(取截面两主轴稳定系数中的较小者),可根据长细比查《建筑施工工具式脚手架安全技术规范》(JGJ 202—2010) 得到;

　　　　f——钢材抗压强度设计值(N/mm²);

　　　　f_{v}——钢材抗剪强度设计值(N/mm²)。

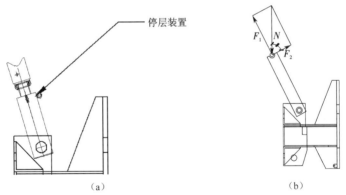

图 10-3　停层卸荷装置及其受力简图

(a)停层卸荷装置　(b)受力简图

10.4　防坠装置及限位装置强度验算

防坠装置是全钢附着式升降脚手架的一个重要部分,是架体在升降或使用过程中发生意外坠落时的制动装置。

防坠装置已由最初的吊杆式发展到现在的锥式、压板式、斜楔式、摆块式等更安全、更先进的形式。在保证使用灵活方便的前提下,必须保证架体不管是在升降工况还是在使用工况下都要安全可靠。

　　防坠装置起作用时,承受单剪力作用,其受力示意图如图 10-4 所示。剪切应力应按下式计算:

$$\tau = \frac{V_1}{A} \le f_v \tag{10-3}$$

式中　τ——防坠装置承担的剪应力（N/mm²）;

　　　V_1——架体坠落产生的剪力（N）;

　　　A——防坠装置最薄弱处的剪切面积（mm²）;

　　　f_v——钢材抗剪强度设计值（N/mm²）。

　　也应对防坠装置的连接销轴进行抗剪验算,其承担的剪力为 V_2,应按照下式计算:

$$V_1 l_1 = V_3 l_2 \tag{10-4}$$

$$V_2 = V_1 + V_3 \tag{10-5}$$

　　其中 V_3 为支座对防坠装置的约束反力。

　　连接销轴验算公式同式（10-2）。

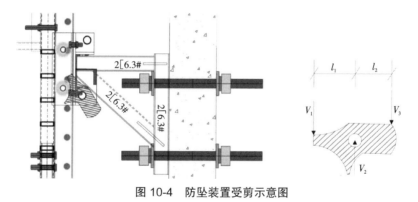

图 10-4　防坠装置受剪示意图

10.5　防倾装置强度验算

　　在验算防倾装置时,导向滚轮轴在两端固定时按照双剪切面计算,单端固定时按照单剪切面计算。防倾装置受力示意图如图 10-5 所示。

　　防倾导向滚轮轴的强度应按下式计算:

$$\frac{N_s}{n A_L} \le f_v \tag{10-6}$$

式中　N_s——单个滚轮轴承担的剪力（N）；

　　　n——导向滚轮轴剪切面个数；

　　　A_L——滚轮轴截面积（mm^2）；

　　　f_v——滚轮轴抗剪强度设计值（N/mm^2）。

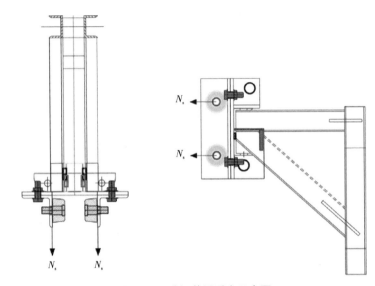

图 10-5　防倾装置受力示意图

防倾导向轮与支座连接销轴应按下式进行抗剪强度验算：

$$\tau = \frac{4N_s}{n_v \pi d^2} \leq f_v^b \tag{10-7}$$

式中　d——销轴直径（mm）；

　　　n_v——受剪面数目；

　　　f_v^b——销轴的抗剪强度设计值（N/mm^2）。

10.6　支座构件强度验算

1. 斜拉杆上端位于建筑物外周边框架梁（墙）

斜拉杆上端位于建筑物外周边框架梁（墙）如图 10-6 所示。假定点画线 1—1 以上架体节点荷载 P_1 作用在节点 B，由斜拉杆 AB、水平撑杆 BC 承受；点画线 1—1 以下架体荷载 P_2 作用在节点 D，由斜拉杆 CD、水平撑杆 DE 承受。在垂直荷载作用下，节点 B、D 可视为半刚性连接，为便于计算，将其简化为铰接和刚接体系。

杆件参数:斜拉杆抗弯刚度 EI_1(N·mm²),水平撑杆抗弯刚度 EI_2(N·mm²),其中 E 为钢材的弹性模量(N/mm²), I_1 为斜拉杆截面惯性矩(mm⁴), I_2 为水平撑杆截面惯性矩(mm⁴)。

P_1 按坠落工况计算, M_1 为架体节点荷载 P_1 对节点 B 的弯矩, $M_1 = P_1 a / 2$(a 为架体内、外侧立杆外边缘间的距离,下同)。

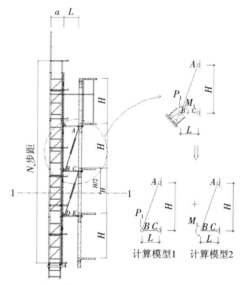

图 10-6　斜拉杆上端位于建筑物外周边框架梁(墙)

对于图 10-6 所示的计算模型 1:

(1)节点 A 受到的支座水平反力 $X_A = \dfrac{P_1 L}{H}$ (→)(箭头表示方向),竖向反力 $Y_A = P_1$ (↑);

(2)节点 C 受到的支座水平反力 $X_C = \dfrac{P_1 L}{H}$ (←);

(3) BC 杆受到的压力 $N_{BC} = \dfrac{P_1 L}{H}$;

(4) AB 杆受到的拉力 $N_{AB} = \dfrac{P_1 \sqrt{L^2 + H^2}}{H}$ 。

对于图 10-6 所示的计算模型 2:

(1)节点 A 受到的支座水平反力 $X_A = \dfrac{M_1}{H}$ (→);

（2）节点 A 受到的支座竖向反力 $Y_A = \dfrac{M_1\sqrt{L^2+H^2}/EI_1}{L\sqrt{L^2+H^2}/EI_1 + L^2/EI_2}$ （↓）；

（3）节点 C 受到的支座水平反力 $X_C = \dfrac{M_1}{H}$ （←）；

（4）节点 C 受到的支座竖向反力 $Y_C = \dfrac{M_1\sqrt{L^2+H^2}/EI_1}{L\sqrt{L^2+H^2}/EI_1 + L^2/EI_2}$ （↑）；

（5）AB 杆受到的水平力 $N_{AB} = \dfrac{-X_1H^2 + M_1L}{H\sqrt{L^2+H^2}}$，其中 $X_1 = \dfrac{M_1\sqrt{L^2+H^2}/EI_1}{L\sqrt{L^2+H^2}/EI_1 + L^2/EI_2}$；

（6）AB 杆和 BC 杆受到的弯矩如图 10-7 所示。

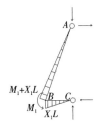

图 10-7　斜拉杆弯矩图

由于层高相同，斜拉杆 CD、水平撑杆 DE 的杆件参数分别与斜拉杆 AB、水平撑杆 BC 相同，仅所承受的荷载不同，为 P_2。同理可求出斜拉杆 CD、水平撑杆 DE 的内力，仅需将上面的 P_1、M_1、X_1 用 P_2、M_2、X_2 替代即可。

1）水平撑杆 BC

水平撑杆 BC 所受压力为

$$N_{BC} = \frac{P_1L + M_1}{H} + N_{lw}$$

式中　P_1——点画线 1-1 以上架体坠落工况下的荷载（N）；

M_1——架体节点荷载 P_1 对节点 B 的弯矩（N·mm），$M_1 = \dfrac{1}{2}P_1a$，a 为架体内、外侧立杆外边缘间的距离（mm）；

N_{lw}——所验算机位范围内，附着支座承受的风荷载设计值（N）；

H——层高（mm）；

L——架体内排立杆外边缘至建筑物结构构件外边缘的距离（mm）。

2）斜拉杆 AB

斜拉杆 AB 所受拉力为

$$N_{AB} = \frac{P_1\sqrt{L^2 + H^2}}{H} + \frac{-X_1 H^2 + M_1 L}{H\sqrt{L^2 + H^2}}$$

其中，

$$X_1 = \frac{M_1\sqrt{L^2 + H^2} / EI_1}{L\sqrt{L^2 + H^2} / EI_1 + L^2 / EI_2}$$

3）水平撑杆 BC 与建筑结构连接处（C 点）螺栓

该处螺栓所受剪力为

$$N_{\mathrm{v}} = -X_1 + (P_2 + X_2)$$

所受轴向压力为

$$N_{\mathrm{p}} = (P_1 L + M_1) / H + N_{\mathrm{lw}} - (P_2 L + M_2) / H$$

4）水平撑杆 BC 处混凝土梁（墙）

螺栓孔处混凝土所受局部压力为

$$N_{\mathrm{v}} = -X_1 + (P_2 + X_2)$$

竖向集中荷载为

$$N_{\mathrm{v}} = -X_1 + (P_2 + X_2)$$

水平集中荷载为

$$N_{\mathrm{p}} = (P_1 L + M_1) / H + N_{\mathrm{lw}} - (P_2 L + M_2) / H$$

混凝土梁承受的扭矩 T_{vp} 按图 10-8 计算：

$$T_{\mathrm{vp}} = \frac{N_{\mathrm{v}} b}{2} \pm N_{\mathrm{p}} c$$

式中　b——梁宽（mm）；

　　　c——水平集中荷载 N_{p} 至梁截面形心轴的距离（mm）；

　　　N_{p}——水平集中荷载（N），N_{p} 引起的扭矩与竖向集中荷载 N_{v} 引起的扭矩同方向时其符号为正。

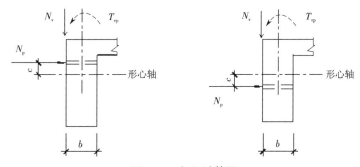

图 10-8　扭矩计算图

混凝土墙墙端平面外弯矩为

$$M_v = \frac{N_v b_w}{2}$$

式中　b_w——墙厚（mm）。

5）斜拉杆 AB 上端处螺栓

该处螺栓所受剪力为

$$N_v = P_1 + X_1$$

所受轴向拉力为

$$N_t = (P_1 L + M_1)/H$$

螺栓垫片所受压力为

$$N_p = N_t = (P_1 L + M_1)/H$$

6）斜拉杆 AB 上端处混凝土梁（墙）

竖向集中荷载为

$$N_v = P_1 + X_1$$

水平集中荷载为

$$N_t = (P_1 L + M_1)/H$$

混凝土梁承受的扭矩 T_{vt} 按图 10-9 计算：

$$T_{vt} = \frac{N_v b}{2} \pm N_t c$$

式中　c——水平集中荷载 N_t 至梁截面形心轴的距离（mm）。

　　　N_t——水平集中荷载（N），N_t 引起的扭矩与竖向集中荷载 N_v 引起的扭矩同方向时其符号为正。

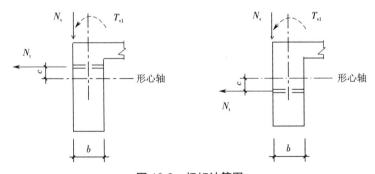

图 10-9　扭矩计算图

混凝土墙墙端平面外弯矩为

$$M_{\mathrm{v}} = \frac{N_{\mathrm{v}}b_{\mathrm{w}}}{2}$$

2. 具有斜撑的附着支承结构

具有斜撑的附着支承结构如图 10-10 所示。假定点画线 1—1 以上架体荷载 P_1 作用在节点 A，由斜撑杆 AC、水平拉杆 AB 承受；点画线 1—1 和 2—2 间架体荷载由节点 D 承受；点画线 2—2 以下架体荷载由节点 E 承受。在垂直荷载作用下，节点 A 可视为半刚性连接，为便于计算，将其简化为铰接和刚接体系。

杆件参数：水平拉杆抗弯刚度 EI_1（N·mm²），斜撑杆抗弯刚度 EI_2（N·mm²），其中 E 为弹性模量（N/mm²），I_1 为水平拉杆截面惯性矩（mm⁴），I_2 为斜撑杆截面惯性矩（mm⁴）。

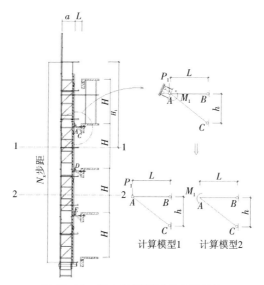

图 10-10　具有斜撑的附着支承结构

P_1 按坠落工况计算，M_1 为架体荷载 P_1 对节点 B 的弯矩，$M_1 = P_1 a / 2$（a 为架体内、外侧立杆外边缘间的距离，下同）。

对于图 10-10 所示的计算模型 1：

（1）节点 B 受到的支座水平反力 $X_B = \dfrac{P_1 L}{h}$（→）（箭头表示方向）；

（2）节点 C 受到的支座水平反力 $X_C = \dfrac{P_1 L}{h}$（←），竖向反力 $Y_C = P_1$（↑）；

（3）AB 杆受到的水平拉力 $N_{AB} = \dfrac{P_1\sqrt{L^2+h^2}}{h}$。

对于图 10-10 所示的计算模型 2：

（1）节点 B 受到的支座水平反力 $X_B = \dfrac{M_1}{h}$（→）；

（2）节点 B 受到的支座竖向反力 $Y_B = \dfrac{M_1\sqrt{L^2+h^2}\,/\,EI_2}{L\sqrt{L^2+h^2}\,/\,EI_2 + L^2\,/\,EI_1}$（↓）；

（3）节点 C 受到的支座水平反力 $X_C = \dfrac{M_1}{H}$（←）；

（4）节点 B 受到的支座竖向反力 $Y_C = \dfrac{M_1\sqrt{L^2+h^2}\,/\,EI_2}{L\sqrt{L^2+h^2}\,/\,EI_2 + L^2\,/\,EI_1}$（↑）；

（5）AC 杆受到的水平压力为 $N_{AC} = \dfrac{X_1 h^2 + M_1 L}{h\sqrt{L^2+h^2}}$，其中 $X_1 = \dfrac{M_1\sqrt{L^2+h^2}\,/EI_2}{L\sqrt{L^2+h^2}\,/EI_2 + L^2\,/EI_1}$。

则斜撑所受弯矩如图 10-11 所示。

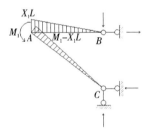

图 10-11　斜撑弯矩图

1）水平拉杆 AB

水平拉杆 AB 所受拉力为

$$N_{AB} = \frac{P_1 L + M_1}{h}$$

2）斜撑 AC

斜撑 AC 压力为

$$N_{AC} = \frac{P_1\sqrt{L^2+h^2}}{h} + \frac{-X_1 h^2 + M_1 L}{h\sqrt{L^2+h^2}}$$

其中，

$$X_1 = \frac{M_1\sqrt{L^2+h^2}\,/\,EI_1}{L\sqrt{L^2+h^2}\,/\,EI_1 + L^2\,/\,EI_2}$$

3）水平拉杆 AB 与建筑结构连接处（B 点）螺栓

该处螺栓所受剪力为

$$N_{\mathrm{v}} = -X_1$$

所受轴向压力为

$$N_{\mathrm{t}} = (P_1 L + M_1) / h$$

所受螺栓垫片压力为

$$N_{\mathrm{p}} = N_{\mathrm{t}} = (P_1 L + M_1) / h$$

4）水平拉杆处混凝土梁（墙）

螺栓孔处混凝土所受局部压力为

$$N_{\mathrm{v}} = -X_1$$

竖向集中荷载为

$$F_{\mathrm{v1}} = P_1$$

水平集中荷载为

$$N_{\mathrm{t}} = \frac{P_1 L + M_1}{h}$$

混凝土梁承受的扭矩 T_{vt}，可按图 10-12 计算：

$$T_{\mathrm{vt}} = \frac{N_{\mathrm{v}} b}{2} \pm N_{\mathrm{t}} c$$

混凝土墙墙端平面外弯矩为

$$M_{\mathrm{v}} = \frac{P_1 b_{\mathrm{w}}}{2}$$

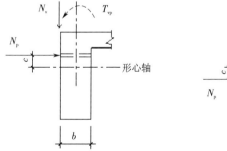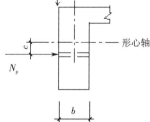

图 10-12　扭矩计算图

10.7   附着螺栓强度验算

附着螺栓同时承受剪力和轴向拉力,其强度应按下式计算:

$$\sqrt{\left(\frac{N_{\mathrm{v}}}{N_{\mathrm{v}}^{\mathrm{b}}}\right)^2+\left(\frac{N_{\mathrm{t}}}{N_{\mathrm{t}}^{\mathrm{b}}}\right)^2}\leqslant 1 \tag{10-8}$$

式中 N_{v}、N_{t}——单个螺栓所承受的剪力和拉力设计值(N);

　　　　$N_{\mathrm{v}}^{\mathrm{b}}$、$N_{\mathrm{t}}^{\mathrm{b}}$——单个螺栓抗剪、抗拉承载能力设计值(N)。

$$N_{\mathrm{v}}^{\mathrm{b}}=\frac{\pi D_{螺}^2}{4}f_{\mathrm{v}}^{\mathrm{b}} \tag{10-9}$$

式中 $D_{螺}$——螺栓直径(mm);

　　　　$f_{\mathrm{v}}^{\mathrm{b}}$——螺栓抗剪强度设计值(N/mm^2)。

$$N_{\mathrm{t}}^{\mathrm{b}}=\frac{\pi d_0^2}{4}f_{\mathrm{t}}^{\mathrm{b}} \tag{10-10}$$

式中 d_0——螺栓螺纹处有效截面直径(mm);

　　　　$f_{\mathrm{t}}^{\mathrm{b}}$——螺栓抗拉强度设计值(N/mm^2)。

10.8   混凝土局部承压及抗冲切强度验算

附着螺栓的螺栓孔处混凝土受压承载力应符合下式要求:

$$N_{\mathrm{v}}<N_{\mathrm{vb}}=1.35\beta_{\mathrm{b}}\beta_{\mathrm{l}}f_{\mathrm{c}}bd \tag{10-11}$$

式中:N_{v}——单个螺栓所承受的剪力设计值(N);

　　　　N_{vb}——混凝土局部受压承载力设计值(N);

　　　　β_{b}——螺栓孔处混凝土受荷计算系数,取 0.39;

　　　　β_{l}——混凝土局部承压提高系数,取 1.73;

　　　　f_{c}——提升时混凝土龄期试块轴心抗压强度设计值(N/mm^2);

　　　　b——混凝土外墙的厚度(mm);

　　　　d——附着螺栓的直径(mm)。

附着螺栓的螺栓孔处混凝土受压状况如图 10-13 所示。

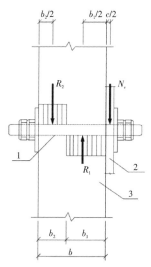

图 10-13 附着螺栓的螺栓孔处混凝土受压状况

1—附着螺栓;2—附着支座;3—混凝土墙体

附着螺栓的螺栓孔处混凝土受冲切承载力应符合下式要求:

$$N_t < N_{tb} = 0.6\mu_m h_0 f_t \tag{10-12}$$

式中 N_t——单个螺栓所承受的拉力设计值(N);

N_{tb}——混凝土受冲切承载力设计值(N);

μ_m——冲切临界截面的周长(mm),可取螺栓垫板周长与 $4h_0$ 之和;

h_0——混凝土的有效截面厚度(mm);

f_t——提升时混凝土同条件试块轴心抗拉强度设计值(N/mm²)。

附着螺栓的螺栓孔处混凝土受冲切状况如图 10-14 所示。

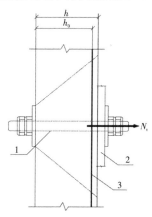

图 10-14 附着螺栓的螺栓孔处混凝土受冲切状况

1—附着螺栓;2—附着支座;3—混凝土墙体

在实际工程中,当两个附着螺栓间距较小时,可采用双螺栓共垫板的形式,在计算混凝土受冲切状况时,局部承压面积应当按照实际情况考虑,即冲切临界截面的周长可取整个螺栓垫板周长与$4h_0$之和。

10.9　临时拉结装置验算

临时拉结装置受力示意图如图 10-15 所示。架体最大外倾力由使用工况下的风荷载产生,架体悬臂端受到的风荷载均由临时拉结装置承担,在验算临时拉结装置时,最不利工况为风压作用,故应对受压构件进行稳定性验算:

$$\sigma = \frac{N}{\varphi A} \leqslant f \tag{10-13}$$

式中　σ——临时拉结装置构件应力计算值(N/mm^2);

　　　N——轴力设计值(N);

　　　A——压杆的截面面积(mm^2);

　　　φ——压杆稳定系数(取截面两主轴稳定系数中的较小者),可根据长细比查《建筑施工工具式脚手架安全技术规范》(JGJ 202—2010)得到;

　　　f——钢材抗压强度设计值(N/mm^2)。

注意:轴力和临时拉结的布置间距有关,如果临时拉结装置与内立杆连接,那么内立杆存在局部弯矩,应对相应内立杆复核验算。

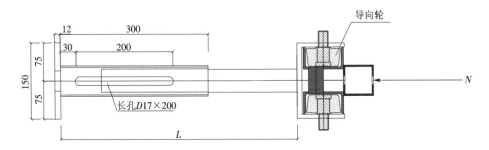

图 10-15　临时拉结装置受力示意图

10.10　算例

某架体荷载见表 10-1,架体附着支承装置结构如图 10-16 所示。

表 10-1　架体荷载统计

施工荷载（2 层）Q_{k1}	3 kN/m² × 脚手板长度 × 作业面净宽度 × 脚手板层数 $3×6×0.6×2=21.6$ kN
装修荷载（3 层）Q_{k2}	2 kN/m² × 脚手板长度 × 作业面净宽度 × 脚手板层数 $2×6×0.6×3=21.6$ kN
升降荷载（3 层）Q_{k3}	0.5 kN/m² × 脚手板长度 × 作业面净宽度 × 脚手板层数 $0.5×6×0.6×3=5.4$ kN
架体自重 G_k	28.655 kN

根据《建筑施工工具式脚手架安全技术规范》（JGJ 202—2010）中 4.1.8 条的规定，计算附着支承装置荷载时，其设计荷载值应乘以冲击系数 2.0。已知架体高度为 13.5 m，宽度为 6 m，使用工况下风荷载标准值为 0.435 kN/m²。

使用工况：

$$P_{坠落} = 2×(1.2G_k + 1.4Q_k) = 2×(1.2×28.655 + 1.4×21.6) = 129.252\ \text{kN}$$

$$P_{外倾} = 2×1.4×0.435×13.5×6 = 98.658\ \text{kN}$$

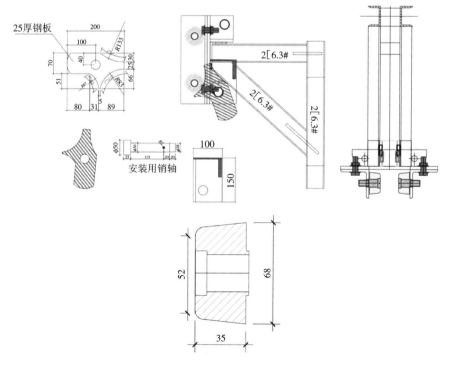

图 10-16　附着支承装置结构示意图（ mm ）

1. 停层卸荷装置强度验算

停层卸荷装置的构造如图 10-17 所示,上顶撑与下顶撑通过 M30 mm × 180 mm 的螺丝连接,承担轴向压力 N=129.252 kN。

$$A = \frac{1}{4}\pi d^2 = \frac{1}{4}\pi \times 30^2 = 706.86 \text{ mm}^2$$

$$\lambda = \frac{l}{i} = \frac{l}{\sqrt{\dfrac{\pi d^4}{64} \Big/ \dfrac{\pi d^2}{4}}} = \frac{180}{\sqrt{39\,760.78 / 706.86}} = 24$$

查《建筑施工工具式脚手架安全技术规范》(JGJ 202—2010)附表得稳定系数为 0.936。

$$\sigma = \frac{N}{\varphi A} = \frac{129.252 \times 10^3}{0.936 \times 706.86} = 195.4 \text{ MPa} < 215 \text{ MPa}$$

因此螺丝受压稳定性满足要求。

2. 停层卸荷装置与附着支座连接销轴验算

停层卸荷装置通过直径 30 mm 的销轴与附着支座连接,销轴材质为 Q235 钢,销轴承担剪力 129.252 kN,有两个剪切面。

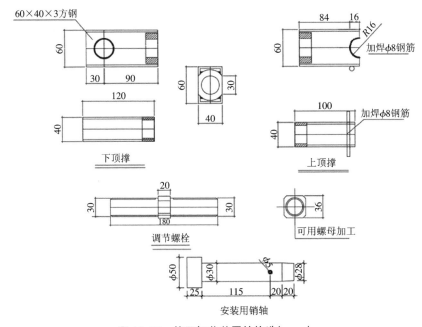

图 10-17　停层卸荷装置的构造(mm)

$$N_v^b = 2 \times \frac{\pi d^2}{4} f_v^b = 2 \times \frac{\pi \times 30^2}{4} \times 120 = 169.56 \text{ kN} > 129.252 \text{ kN}$$

因此销轴抗剪强度满足要求。

3. 停层卸荷装置连接板焊缝验算

停层卸荷装置的连接板与 140 mm × 80 mm × 10 mm 的钢板通过焊缝连接，将停层卸荷装置承担的斜向力进行分解，如图 10-18 所示。焊缝承担轴向压力 126.3 kN 和剪力 27.5 kN，焊脚尺寸为 5 mm。

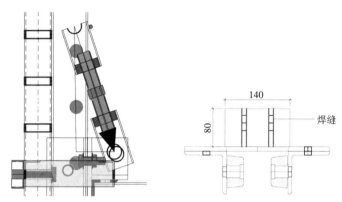

图 10-18　停层卸荷装置连接板焊缝受力示意图（mm）

$$\sigma_{\mathrm{f}} = \frac{N}{h_{\mathrm{e}} l_{\mathrm{w}}} = \frac{126.3 \times 10^{3}}{4 \times 0.7 \times 5 \times (80 - 2 \times 5)} = 128.88 \ \mathrm{N/mm^{2}}$$

$$\tau_{\mathrm{f}} = \frac{V}{h_{\mathrm{e}} l_{\mathrm{w}}} = \frac{27.5 \times 10^{3}}{4 \times 0.7 \times 5 \times (80 - 2 \times 5)} = 28.06 \ \mathrm{N/mm^{2}}$$

$$\sqrt{\left(\frac{\sigma_{\mathrm{f}}}{\beta_{\mathrm{f}}}\right)^{2} + \tau_{\mathrm{f}}^{2}} = \sqrt{\left(\frac{128.88}{1.22}\right)^{2} + 28.06^{2}} = 109.3 \ \mathrm{N/mm^{2}} < f_{\mathrm{f}}^{\mathrm{w}} = 160 \ \mathrm{N/mm^{2}}$$

因此停层卸荷装置连接板焊缝强度合格。

140 mm × 80 mm × 10 mm 的钢板与 14a# 槽钢通过焊缝连接，如图 10-19 所示。考虑全部焊缝承担轴向压力 126.3 kN，长度为 52 mm 的 2 条焊缝承担剪力 27.5 kN，焊脚尺寸为 5 mm。

$$\sigma_{\mathrm{f}} = \frac{N}{h_{\mathrm{e}} l_{\mathrm{w}}} = \frac{126.3 \times 10^{3}}{0.7 \times 5 \times (2 \times 52 + 140 - 2 \times 5)} = 154.2 \ \mathrm{N/mm^{2}}$$

$$\tau_{\mathrm{f}} = \frac{V}{h_{\mathrm{e}} l_{\mathrm{w}}} = \frac{27.5 \times 10^{3}}{0.7 \times 5 \times (2 \times 52 - 2 \times 5)} = 83.59 \ \mathrm{N/mm^{2}}$$

$$\sqrt{\left(\frac{\sigma_{\mathrm{f}}}{\beta_{\mathrm{f}}}\right)^{2} + \tau_{\mathrm{f}}^{2}} = \sqrt{\left(\frac{154.2}{1.22}\right)^{2} + 83.59^{2}} = 151.5 \ \mathrm{N/mm^{2}} < f_{\mathrm{f}}^{\mathrm{w}} = 160 \ \mathrm{N/mm^{2}}$$

因此钢板与槽钢连接焊缝强度合格。

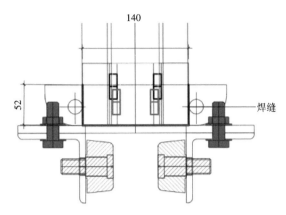

图 10-19   钢板与槽钢连接焊缝受力示意图(mm)

14a# 槽钢与 2 根 6.3# 槽钢通过焊缝连接,如图 10-20 所示。考虑全部焊缝承担轴向压力 126.3 kN,长度为 52 mm 的 2 条焊缝承担剪力 27.5 kN,焊脚尺寸为 5 mm。

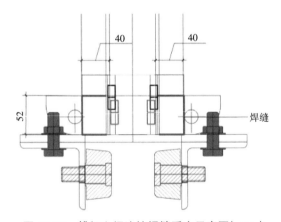

图 10-20   槽钢之间连接焊缝受力示意图(mm)

$$\sigma_f = \frac{N}{h_e l_w} = \frac{126.3 \times 10^3}{0.7 \times 5 \times (2 \times 52 + 4 \times 40 - 4 \times 5)} = 147.9 \text{ N/mm}^2$$

$$\tau_f = \frac{V}{h_e l_w} = \frac{27.5 \times 10^3}{0.7 \times 5 \times 2 \times 52} = 75.55 \text{ N/mm}^2$$

$$\sqrt{\left(\frac{\sigma_f}{\beta_f}\right)^2 + \tau_f^2} = \sqrt{\left(\frac{147.9}{1.22}\right)^2 + 75.55^2} = 142.84 \text{ N/mm}^2 < f_f^w = 160 \text{ N/mm}^2$$

因此槽钢之间连接焊缝强度合格。

4. 防坠装置及限位装置验算

防坠装置(图 10-21)材质为 45 号钢,抗剪强度为 178 MPa,承担架体坠落而产生的剪力 129.252 kN,考虑最危险的情况,即荷载作用在最薄弱抗剪面,如图 10-22 所示。

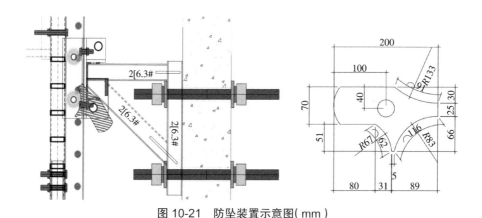

图 10-21　防坠装置示意图(mm)

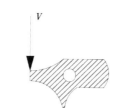

图 10-22　防坠装置受力示意图

钢板的抗剪面积 $A = 30 \times 25 = 750 \text{ mm}^2$。

$$\tau = \frac{V}{A} = \frac{129.252 \times 10^3}{750} = 172 \text{ MPa} < 178 \text{ MPa}$$

因此防坠装置抗剪强度满足要求。

防坠装置与附着支座通过材质为 45 号钢、直径为 32 mm 的销轴连接,根据力矩平衡方程可得,$129.252 \times 200 = V_{销轴} \times 100$,则 $V_{销轴} = 258.5$ kN,即销轴承担剪力 258.5 kN,为双面受剪,因此抗剪面个数 $n=2$。

$$\tau = \frac{V}{nA} = \frac{258.5 \times 10^3}{2 \times \pi \times 16^2} = 160.8 \text{ MPa} < 178 \text{ MPa}$$

因此防坠装置销轴抗剪强度满足要求。

5. 防倾导向轮验算

每个附着支座内设置了 4 个防倾导向轮,当架体受到风吸或者风压作用时,均有 4 个导向轮可以发挥作用,则每个导向轮受到的外倾剪力

$$N_{\text{v}} = P_{\text{外倾}} / 4 = 98.658 / 4 = 24.664\,5 \text{ kN}$$

考虑抗剪最薄弱部位,如图 10-23 所示,销轴直径为 20 mm,为单面受剪,因此抗剪面个数 $N_{\text{v}} = 1$。

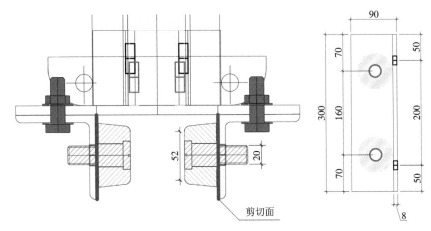

图 10-23　防倾导向轮受力示意图(mm)

$$\tau_{\text{b}} = \frac{N_{\text{v}}}{n_{\text{v}} \pi \dfrac{d^2}{4}} = \frac{24.664\,5 \times 10^3}{1 \times \pi \times \dfrac{20^2}{4}} = 78.55 \text{ N/mm}^2 \leqslant f_{\text{v}} = 120 \text{ N/mm}^2$$

因此销轴抗剪强度合格。

6. 防倾装置与支座连接螺栓验算

防倾装置与支座通过 4 个 M20 的螺栓连接,所有螺栓承担拉力。

$$N = 98.658 / 4 = 24.664\,5 \text{ kN}$$

$$N_{\text{t}}^{\text{b}} = \frac{\pi d_{\text{e}}^2}{4} f_{\text{t}}^{\text{b}} = 245 \times 170 \times 10^{-3} = 41.65 \text{ kN}$$

$$N = 24.664\,5 \text{ kN} < N_{\text{t}}^{\text{b}} = 41.65 \text{ kN}$$

因此螺栓抗拉强度合格。

7. 附着螺栓强度验算

对于 1 900 mm 的支座(图 10-24(c)),其附着螺栓所承担的拉力最大。螺杆螺纹处有效直径 $d_{\text{e}} = 32$ mm,公称直径 $d = 38$ mm,螺栓数量为 2 个,采用 4.8 级普通螺栓。

虽然每个支座仅考虑单个螺栓发挥作用,但是在使用工况下坠落时,两个螺栓均应发挥作用,即一根螺栓所承受的剪力 $N_{\text{v}} = 129.252 / 2 = 64.626$ kN。

N_{v} 产生的弯矩

$$M = 64.626 \times 1.87 = 120.85 \text{ kN} \cdot \text{m}$$

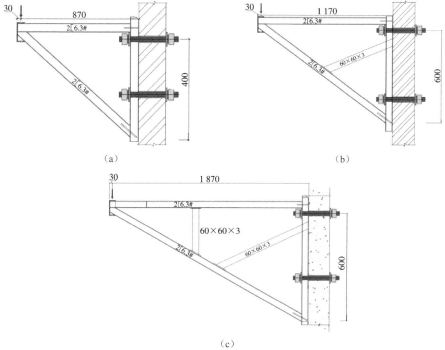

图 10-24　不同规格的附着支座示意图(mm)

（a）900 mm 长支座　（b）1 200 mm 长支座　（c）1 900 mm 长支座

对于承受弯矩作用的普通螺栓群,实际计算时可近似地取中和轴位于斜杆支点,则上侧螺栓承受的拉力 $N_t = 120.85 / 0.6 + 5 = 206.42 \text{ kN}$ 。其中 5 为考虑风荷载作用时的安全储备。

抗剪承载能力设计值为

$$N_v^b = \frac{\pi d^2}{4} f_v^b = \frac{\pi \times 38^2}{4} \times 140 = 158.7 \text{ kN}$$

抗拉承载能力设计值为

$$N_t^b = A_e f_t^b = \frac{\pi}{4} \times 32^2 \times 170 = 136.65 \text{ kN}$$

$$\sqrt{\left(\frac{N_v}{N_v^b}\right)^2 + \left(\frac{N_t}{N_t^b}\right)^2} = \sqrt{\left(\frac{64.626}{158.7}\right)^2 + \left(\frac{206.42}{136.65}\right)^2} = 1.565 > 1$$

因此螺栓强度不合格,应考虑增大螺栓直径或增加螺栓数量或换用高强螺栓。

8. 附着螺栓孔处混凝土局部承压强度计算

$$N_{vb} = 1.35\beta_b\beta_l f_c bd = 1.35 \times 0.39 \times 1.73 \times 14.3 \times 200 \times 30 \times 10^{-3} = 78.15 \text{ kN}$$

一根附着螺栓所承受的剪力 $N_v = 64.626$ kN，则混凝土所受 $N_v = 64.626$ kN < 78.15 kN。因此混凝土局部承压强度合格。

9. 附着支座杆件验算

1）900 mm 附着支座验算（图 10-25）

根据《热轧型钢》（GB/T 706—2016）表 A.2 查得 6.3# 槽钢的截面面积 $A=844.6$ mm²，截面惯性矩 $I_x=508\,000$ mm⁴，$I_y=119\,000$ mm⁴；截面模量 $W_x=16\,100$ mm³，$W_y=4\,500$ mm³，截面重心与外缘距离 $z_0=13.6$ mm。

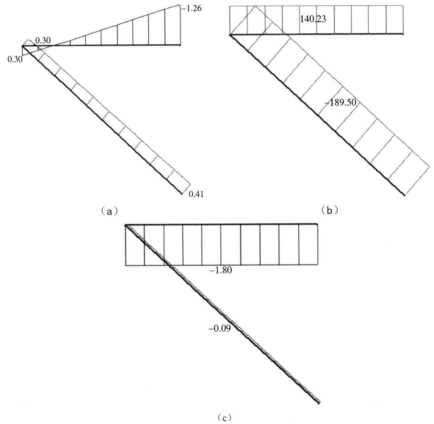

（a）

（b）

（c）

图 10-25　900 mm 支座内力计算结果

（a）弯矩计算结果（kN·m）　（b）轴力计算结果（kN）　（c）剪力计算结果（kN）

2 根槽钢的净间距为 $d_0=63$ mm，则其组合的截面面积 $A_2=2\times844.6=$

1 689.2 mm²。

$$I_{2x}=2I_x=2\times508\,000=1\,016\,000\text{ mm}^4$$

$$I_{2y}=2\left[I_y+A\left(z_0+\frac{1}{2}d_0\right)^2\right]$$

$$=2\times\left[119\,000+844.6\times\left(13.6+\frac{63}{2}\right)^2\right]$$

$$=3\,673\,849.7\text{ mm}^4$$

$$W_{2x}=\frac{I_{2x}}{h/2}=\frac{1\,016\,000}{63/2}=32\,254\text{ mm}^3$$

$$W_{2y}=\frac{I_{2y}}{(b+d_0/2)}=\frac{3\,673\,849.7}{40+63/2}=51\,382.5\text{ mm}^3$$

$$i_{2x}=\sqrt{\frac{I_{2x}}{A_2}}=\sqrt{\frac{1\,016\,000}{1\,689.2}}=24.53\text{ mm}$$

$$i_{2y}=\sqrt{\frac{I_{2x}}{A_2}}=\sqrt{\frac{3\,673\,849.7}{1\,689.2}}=46.64\text{ mm}$$

水平杆受到 140.23 kN 的拉力、1.26 kN·m 的弯矩和 1.8 kN 的剪力。

$$\sigma=\frac{N}{A_2}+\frac{M_x}{\gamma_xW_x}=\frac{140.23\times10^3}{1\,689.2}+\frac{1.26\times10^6}{1\times32\,254}=122.1\text{ N}/\text{mm}^2<215\text{ N}/\text{mm}^2$$

$$\tau=\frac{V}{A_2}=\frac{1.8\times10^3}{1\,689.2}=1.066\text{ N/mm}^2<125\text{ N/mm}^2$$

因此水平强度合格。

斜杆受到 189.5 kN 的压力、0.41 kN·m 的弯矩和 0.09 kN 的剪力。$\lambda_x=l_x/i_{2x}=1\,175/24.53=47.90$，$\lambda_y=l_y/i_{2y}=1\,175/46.64=25.2$，查《建筑施工工具式脚手架安全技术规范》(JGJ 202—2010)可得 $\varphi=0.858$。

$$\sigma=\frac{N}{\varphi A_2}+\frac{M_x}{\gamma_xW_{2x}}=\frac{189.5\times10^3}{0.858\times1\,689.2}+\frac{0.41\times10^6}{1\times32\,254}$$

$$=143.5\text{ N/mm}^2<215\text{ N/mm}^2$$

$$\tau=\frac{V}{A_2}=\frac{0.09\times10^3}{1\,689.2}=0.05\text{ N/mm}^2<125\text{ N/mm}^2$$

因此斜杆强度合格。

2）1 200 mm 附着支座验算（图 10-26）

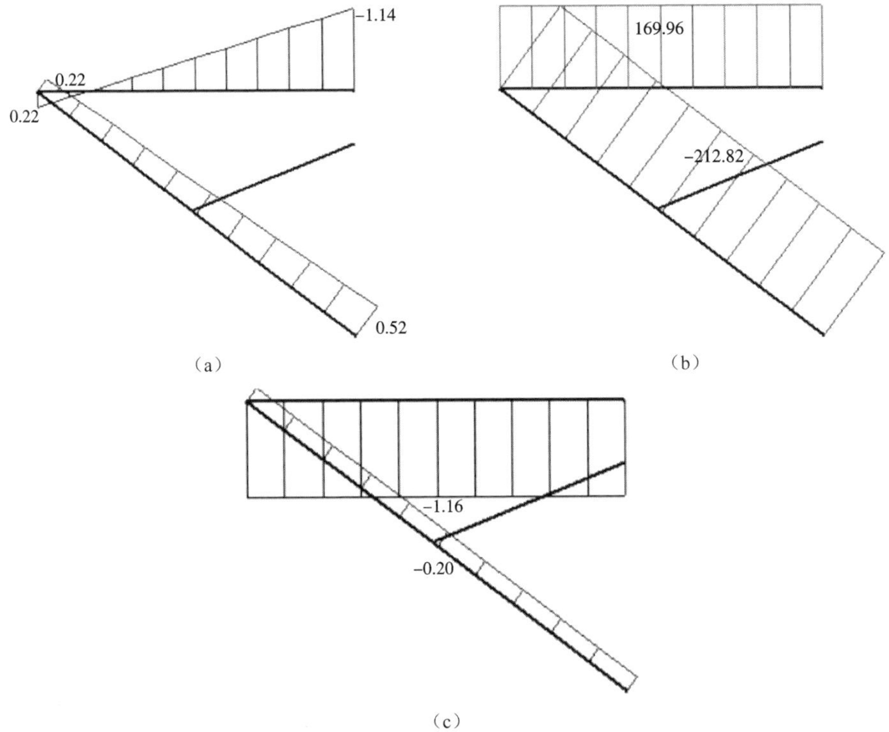

（a）

（b）

（c）

图 10-26   1 200 mm 支座内力计算结果

（a）弯矩计算结果（kN·m）（b）轴力计算结果（kN）（c）剪力计算结果（kN）

水平杆受到 169.96 kN 的拉力、1.14 kN·m 的弯矩和 1.16 kN 的剪力。

$$\sigma = \frac{N}{A_2} + \frac{M_x}{\gamma_x W_{2x}} = \frac{169.96 \times 10^3}{1\,689.2} + \frac{1.14 \times 10^6}{1 \times 32\,254} = 135.96 \text{ N/mm}^2 < 215 \text{ N/mm}^2$$

$$\tau = \frac{V}{A_2} = \frac{1.16 \times 10^3}{1\,689.2} = 0.69 \text{ N/mm}^2 < 125 \text{ N/mm}^2$$

因此水平杆强度合格。

对于斜杆，其受到 212.82 kN 的压力、0.52 kN·m 的弯矩和 0.2 kN 的剪力。由于附加斜杆的约束作用，其平面内计算长度 $l_x = 733$ mm，平面外计算长度 $l_y = 1\,466$ mm，则 $l_x / i_x = 733 / 24.53 = 29.9$，$l_y / i_x = 1\,466 / 46.64 = 31.43$，查《建筑施工工具式脚手架安全技术规范》（JGJ 202—2010）可得 $\varphi = 0.912$。

$$\sigma = \frac{N}{\varphi A_2} + \frac{M_x}{\gamma_x W_{2x}} = \frac{212.82 \times 10^3}{0.912 \times 1\,689.2} + \frac{0.52 \times 10^6}{1 \times 32\,254}$$

$$= 154.3 \text{ N/mm}^2 < 215 \text{ N/mm}^2$$

$$\tau = \frac{V}{A_2} = \frac{0.2 \times 10^3}{1\,689.2} = 0.12 \text{ N/mm}^2 < 125 \text{ N/mm}^2$$

因此斜杆强度合格。

3）1 900 mm 附着支座验算（图 10-27）

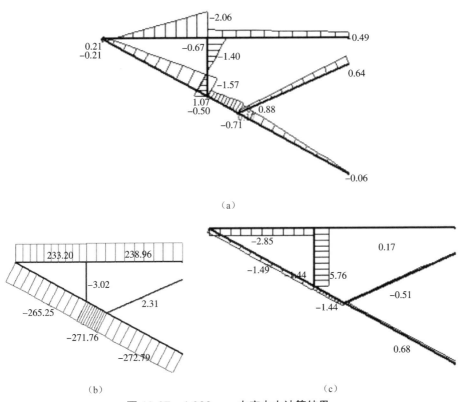

（a）

（b）　　　　　　　　　　　　　　　　　　（c）

图 10-27　1 900 mm 支座内力计算结果

（a）弯矩计算结果（kN·m）　（b）轴力计算结果（kN）　（c）剪力计算结果（kN）

水平杆受到 238.96 kN 的拉力、2.06 kN·m 的弯矩和 2.85 kN 的剪力。

$$\sigma = \frac{N}{A_2} + \frac{M_x}{\gamma_x W_{2x}} = \frac{238.96 \times 10^3}{1\,689.2} + \frac{2.06 \times 10^6}{1 \times 32\,254} = 205.33 \text{ N/mm}^2 < 215 \text{ N/mm}^2$$

$$\tau = \frac{V}{A_2} = \frac{2.85 \times 10^3}{1\,689.2} = 1.69 \text{ N/mm}^2 < 125 \text{ N/mm}^2$$

因此水平杆强度合格。

斜杆受到 272.79 kN 的压力、1.57 kN·m 的弯矩和 1.49 kN 的剪力。由于附加斜杆的约束作用，其平面内计算长度 $l_x = 900$ mm，平面外计算长度

$l_y = 2\,000 \text{ mm}$，则 $l_x / i_x = 900 / 24.53 = 36.7$，$l_y / i_y = 2\,000 / 46.64 = 42.9$，查《建筑施工工具式脚手架安全技术规范》（JGJ 202—2010）相关表格得 $\varphi = 0.875$。

$$\sigma = \frac{N}{\varphi A_2} + \frac{M_x}{\gamma_x W_{2x}} = \frac{272.79 \times 10^3}{0.875 \times 1\,689.2} + \frac{1.57 \times 10^6}{1 \times 32\,254}$$

$$= 233.24 \text{ N/mm}^2 > 215 \text{ N/mm}^2$$

因此斜杆的受压稳定性不满足要求，应考虑增大截面面积。

$$\tau = \frac{V}{A_2} = \frac{1.49 \times 10^3}{1\,689.2} = 0.88 \text{ N/mm}^2 < 125 \text{ N/mm}^2$$

因此斜杆的抗剪强度合格。

第11章　升降装置设计

11.1　升降设备提升能力验算

升降设备选择应依据：

（1）在升降工况下，按一个机位范围内的总荷载乘以荷载不均匀系数2选取荷载设计值；

（2）升降动力设备应满足 $N_s \leqslant N_c$（N_s 为荷载承力值，N_c 为额定值）。

11.2　起吊钢丝绳强度验算

根据《建筑施工工具式脚手架安全技术规范》（JGJ 202—2010）的规定，附着式升降脚手架的索具、吊具应按有关机械设计的规定，通过容许应力法进行设计，钢丝绳索具安全系数 $K = 6 \sim 8$，当建筑物层高为 3 m（含）以下时应取 6。钢丝绳破断力可以由《重要用途钢丝绳》（GB 8918—2006）查得。

在对架体进行提升时，钢丝绳滑轮轴承担剪力，剪力值为架体提升荷载的2倍，因此应对滑轮轴的抗剪强度进行验算。

11.3　升降支座验算

升降支座处销轴应按下式进行抗剪强度的计算：

$$\tau = \frac{4N_s}{\pi d^2} \leqslant f_v^b \tag{11-1}$$

式中　τ——销轴剪应力（N/mm²）；

N_s——升降支座承担的荷载设计值（N）；

d——销轴直径（mm）；

f_v^b——销轴的抗剪强度设计值（N/mm²）。

11.4　算例

某全钢附着式升降脚手架荷载见表 11-1,提升设备为 7.5 t 环链电动提升机(电动葫芦)。起吊钢丝绳选择 $\phi22$ mm 钢丝绳;滑轮轴最小直径为 45 mm,材质为 Q235 钢;提升支座与钢丝绳连接处销轴为直径 30 mm 的 4.8 级 C 级普通螺栓,建筑物层高为 3 m。

表 11-1　架体荷载统计

升降荷载（3 层）Q_k	0.5 kN/m² × 脚手板长度 × 作业面宽度 × 脚手板层数 $0.5\times6\times0.65\times3=5.85$ kN
架体自重 G_k	31.22 kN

根据《建筑施工工具式脚手架安全技术规范》(JGJ 202—2010)中 4.1.7 条的规定,应按升降工况一个机位范围内的总荷载乘荷载不均匀系数 2 选取荷载设计值。

升降工况下,升降装置的荷载取值为 $2\times(31.22+3\times0.65\times6\times0.5)=74.14$ kN。

1)电动葫芦验算

作为升降动力设备,其额定承力值 N_c=75 kN。

$$N_s = 74.14 \text{ kN} < 75 \text{ kN}$$

电动葫芦承载能力合格。

2)起吊钢丝绳验算

荷载标准组合为 $31.22+5.85=37.07$ kN。

采用 $\phi22$ mm 钢丝绳,由《重要用途钢丝绳》(GB 8918—2006)查得其破断力为 308 kN,则 $K=\dfrac{308}{37.07}=8.31>6$。因此起吊钢丝绳强度合格。

3)滑轮轴验算

$$\tau = \frac{4N_s}{\pi d^2} = \frac{4\times74.14\times10^3}{\pi\times45^2} = 46.62 \text{ MPa} \le f_v^b = 115 \text{ MPa}$$

注:由《钢结构设计标准》(GB 50017—2017)中表 4.4.1 查得,对直径大于 40 mm 的 Q235 钢,抗剪强度设计值 f_v=115 MPa。

因此滑轮轴强度合格。

4）销轴验算

$$\tau = \frac{4N_s}{\pi d^2} = \frac{4 \times 74.14 \times 1\,000}{\pi \times 30^2} = 104.94\ \text{MPa} \leqslant f_v^b = 140\ \text{MPa}$$（对 4.8 级 C

级普通螺栓，抗剪强度设计值 $f_v^b = 140\ \text{MPa}$）

因此销轴强度合格。

第 12 章　整体模型建立

MIDAS/Gen 是一款通用有限元分析和设计软件,适用于民用、工业、电力、施工、特种结构及体育场馆等多种结构的分析和设计,具有静力分析、特征值分析、反应谱分析、弹性时程分析、几何非线性和材料非线性分析、隔震和消能减震分析、静力弹塑性分析和动力弹塑性分析、施工阶段分析、屈曲分析、P-Δ 分析等各类高端分析功能,并可按照中国、日本、韩国、美国、欧洲各国等的规范进行混凝土构件、钢构件、钢管混凝土及型钢混凝土组合构件设计。

MIDAS/Gen 具有人性化的操作界面,采用了卓越的计算机显示技术,能够实现建筑领域通用结构分析及优化设计;其以用户为中心的便捷的输入功能,在大型模型的建模、分析及设计过程中具有卓越的便利性和生产性;其强大的计算分析功能既能满足常规建筑的计算设计要求,也能很好地完成对混合结构、特种结构的分析设计;其内置了多样的分析功能和国内外标准和规范。

本章详细介绍基于 MIDAS/Gen 软件的三机位两跨全钢附着式升降脚手架模型的建立过程,包括单元类型选择、边界条件及荷载施加。

12.1　单元类型

MIDAS/Gen 是目前架体结构有限元分析的主要软件,为满足各种工程的实际设计需要,该软件提供了与实际结构有相同受力形式的桁架单元、梁单元、板单元、墙单元等单元形式。但是,在整体模型的有限元分析中需要考虑对整体模型进行一定的简化,一般简化后的模型只用到了桁架单元、梁单元和板单元。

1. 桁架单元

桁架单元属于单向受力的三维线性单元,只能承受和传递轴向的拉力或压力,根据其受力特点,桁架单元可以用于平面桁架、空间桁架和交叉支承结构等结构模型的建立。

桁架单元的两端各有一个沿单元坐标系 x 轴的位移,具有两个自由度。对于桁架单元这种只具有轴向刚度的单元而言,其单元坐标系中只有 x 轴有意义,x 轴是基准变形的标准,但利用 y、z 轴可以确定桁架单元在视窗中的位置。

2. 梁单元

梁单元属于等截面或变截面三维单元,具有拉、压、弯、剪、扭等变形形态。

无论是在单元坐标系中还是在全局坐标系中,梁单元的每个节点均具有 3 个方向的线性位移和 3 个方向的旋转位移,即每一个节点具有 6 个自由度。

3. 板单元

承载板作为全钢附着式升降脚手架的主要受荷面,其将荷载进行逐步传递。板单元是由在同一平面上的 3 个或 4 个节点所组成的平面单元。利用板单元可以解决平面张拉、平面压缩、平面剪切及板单元弯曲、剪切等结构问题。

在 MIDAS/Gen 软件中,板单元根据其平面外刚度的不同,分为薄板单元和厚板单元。平面外刚度小的为薄板单元,平面外刚度大的为厚板单元。

板单元的自由度以单元坐标系为基准,每个节点具有 x、y、z 轴方向的线性位移自由度和绕 x、y 轴的旋转位移自由度,即每个节点具有 5 个自由度。

12.2　边界条件及荷载施加

全钢附着式升降脚手架模型主体为多层框架结构,可以采用简化模型方式进行模拟,这样既降低了模拟计算的难度,又提高了模拟计算的效率。简化模型时一般不考虑升降动力设备、吊具、索具和防护网等构件,只选取框架结构的主要构配件:外立杆、内立杆、水平杆、承载板、刚性支撑、水平支承桁架、导轨、斜拉杆。

如图 12-1 所示,在全钢附着式升降脚手架模型中,架体杆件采用桁架单元和梁单元;承载板是结构主要的受荷面,不但要考虑其结构的弯曲变形,还要考虑其本身的剪切变形,因此承载板选用板单元。结构的材料物理属性一般包含密度、弹性模量、泊松比、屈服强度。

全钢附着式升降脚手架在使用过程中存在两种工况,针对这两种工况,可以将整个架体的运动状态分为两个阶段:第一阶段属于结构的升降阶段,即架体在以电动葫芦为主的提升系统作用下,通过吊点实现整体提升;第二阶段属于结构的使用阶段,即架体在经过提升过程以后,为满足实际工程施工需要,进行架体静止状态的保持。

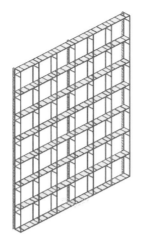

图 12-1　架体主体结构模型

在升降工况下,竖向主框架与建筑物的 3 个拉结点都只起到防止架体向外倾的作用,即只提供水平约束。另外,钢丝绳绕过底部承力架的滑轮,给整个架体提供了向上的拉力,即竖向约束,约束简图如图 12-2(a)所示。

在使用工况下,除 3 个附着支座外,架体顶部还有临时拉结装置,约束形式如图 12-2(b)所示。3 个支座都有防止架体向外倾的作用,所以都起到水平约束的作用,另外,底部的支座除了起到防止架体向外倾的作用外,主要还防止架体下坠,即提供竖向约束。除此之外,由于使用工况下上部悬臂端在风荷载作用下的变形会相对较大,所以需增加临时装置,即水平约束,来减小悬臂端的变形。

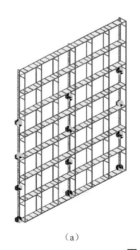
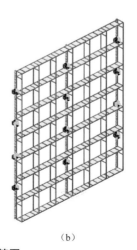

（a）　　　　　　　　　　　　　　　（b）

图 12-2　模型约束简图

（a）升降工况　（b）使用工况

依据《建筑施工工具式脚手架安全技术规范》(JGJ 202—2010),根据施工具体情况,按使用、升降两种工况分别确定施工活荷载标准值,风荷载可以按每根纵向水平杆挡风面承担的风荷载传递给主框架节点上的集中荷载进行计算,然后以节点荷载的形式施加到主框架上,节点荷载标准值按照下式进行计算,除此以外考虑结构的自重:

$$P = w_k L h \tag{12-1}$$

式中　P——节点荷载标准值(N);

　　　w_k——风荷载标准值(N/mm²);

　　　L——架体跨度(mm);

　　　h——脚手架水平杆步距(mm)。

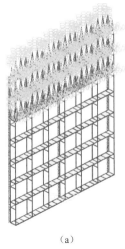
(a)

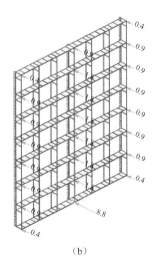
(b)

图 12-3　荷载施加简图

(a)施工活荷载　(b)风荷载

计算中所选用的荷载效应组合如下。

组合 1:恒荷载 + 施工活荷载。

组合 2:恒荷载 + 0.9×(施工活荷载 + 风荷载)。

对于使用及升降两种工况,根据承受荷载的不同,又可以分为以下三个小的工况。

(1)使用工况 1(结构施工阶段不考虑风荷载):两层工作平台上各存在 3 kPa 施工荷载(同时考虑荷载分项系数和附加荷载不均匀系数 1.3)。

(2)使用工况 2(结构施工阶段考虑风荷载):两层工作平台上各存在 3 kPa

施工荷载,同时平台受侧向风荷载(同时考虑荷载分项系数和附加荷载不均匀系数 1.3)。

（3）升降工况 3：两层工作平台上各存在 0.5 kPa 荷载,同时平台受风荷载（同时考虑荷载分项系数和附加荷载不均匀系数 2.0)。

12.3　结果查看与分析

MIDAS/Gen 提供位移形状、位移等值线的方法来查看位移计算结果。依次选择"主菜单"→"结果"→"变形"→"变形形状"命令,可以查看模型变形后的形状;依次选择"主菜单"→"结果"→"变形"→"位移等值线"命令,可以查看模型变形后的位移等值线,如图 12-4 所示。

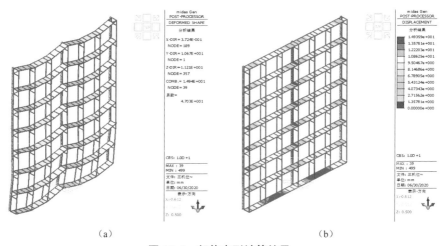

（a）　　　　　　　　　　（b）

图 12-4　架体变形计算结果

（a）变形形状　（b）位移等值线

MIDAS/Gen 提供等值线或矢量的方法查看单元内力和应力。依次选择"主菜单"→"结果"→"内力"命令,可以查看桁架单元、梁单元和板单元内力及内力图;依次选择"主菜单"→"结果"→"应力"命令,可以查看桁架单元内力、梁单元内力和板单元应力,如图 12-5 所示。

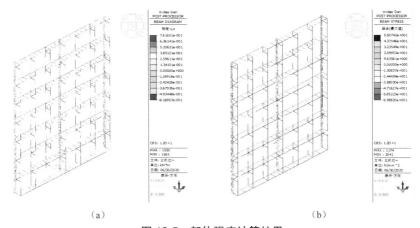

（a）　　　　　　　　　　　　　　　　（b）

图 12-5　架体强度计算结果

（a）内力图　（b）应力图

依次选择"主菜单"→"设计"→"钢构件设计"→"钢构件验算"命令,能够参照《钢结构设计标准》(GB 50017—2017)校核全部钢结构构件的强度和稳定性。

第 13 章　精细化模拟

目前对于附着式升降脚手架的分析与应用大都是建立在简化分析的基础上,许多针对附着式升降脚手架的有限元模拟采用了简化模型,这样虽降低了模拟计算的难度、提高了模拟计算的效率,然而却存在不能真实反映结构受力情况的风险。因此,对部分关键结构构件和节点,需要进行精细化模拟,以保证整体结构的安全性。

作为一款通用有限元分析软件,ABAQUS 不仅能进行有效的静态和准静态分析、模态分析、瞬态分析、弹塑性分析、接触分析、碰撞和冲击分析、爆炸分析、断裂分析、屈服分析、疲劳和耐久性分析等结构和热分析,还可以进行流固耦合分析、压电和热电耦合分析、声场和声固耦合分析、热固耦合分析、质量扩散分析等。

ABAQUS 基于其丰富的单元库,可以模拟各种复杂的几何形状,并且拥有丰富的材料模型库,可以模拟绝大多数常见工程材料,如金属、聚合物、复合材料、橡胶、可压缩的弹性泡沫、钢筋混凝土及各种地质材料等。

此外, ABAQUS 使用非常简便,很容易建立复杂问题的模型。对于大多数的数值模拟,用户只需要提供结构的几何形状、边界条件、材料性质、载荷等工程数据即可。对于非线性问题的分析,ABAQUS 能自动选择合适的载荷增量和收敛准则,并在分析过程中对这些参数进行调整,保证结果的精确性。

本章基于 ABAQUS 软件介绍全钢附着式升降脚手架中部分结构构件和节点的建模过程。

13.1　功能模块介绍

13.1.1　部件模块

ABAQUS 的部件模块用于创建各个单独的部件。对于部件模型,用户可以在 ABAQUS/CAE 环境中利用图形工具直接生成,也可以从第三方图形软件导入部件的几何形状。

　　壳单元可以有效模拟弯曲和平面内变形,梁单元可以有效模拟弯曲、扭转和轴力。ABAQUS 有许多可用的横截面形状,用户还可以用工程常数的方式指定横截面属性。

13.1.2　属性模块

　　属性模块用于引入整个部件中任一个部分的特征,如与该部分有关的材料性质和截面几何形状,包含在截面定义中。

13.1.3　装配模块

　　创建一个部件时,部件存在于自己的局部坐标系中,独立于模型的其他部分,用户可以应用装配模块建立该部件的实例,并且将这个实例相对于其他部件定位于总体坐标系之中,从而构成一个装配件。

13.1.4　分析步模块

　　用户可以应用分析步模块生成和构建分析步骤,并与输出需求联系起来。ABAQUS/Standard 是一个通用的分析模块,它能够求解广泛领域的线性和非线性问题,包括静态分析、动力学分析、结构的热响应分析以及其他复杂非线性耦合物理场的分析,为用户提供了动态载荷平衡的并行稀疏矩阵求解器、基于域分解并行迭代求解器和并行的 Lanczos 特征值求解器。用户可以利用 ABAQUS/Standard 对包含各种大规模计算的问题进行非常可靠的求解,并进行一般过程分析和线性摄动过程分析。

13.1.5　相互作用模块

　　在相互作用模块中,用户可以指定模型各区域之间或模型的一个区域与周围环境之间的热力学或力学方面的相互作用,如两个传热的接触表面。其他可以定义的相互作用包括约束,如刚体约束、绑定等。ABAQUS/CAE 不会自动识别部件实体之间或者一个装配件的各个实体之间的力学或热学的相互作用,要实现相互作用分析,必须在相互作用模块中指定接触关系。

13.1.6 载荷模块

用户可在载荷模块中指定载荷、边界条件和场变量。边界条件和载荷与分析步有关,这就说明用户必须指定载荷和边界条件在哪些分析步骤中起作用。某些场变量仅仅作用于分析的初始阶段,而其他场变量与分析步有关。

13.1.7 网格模块

网格模块包含了 ABAQUS/CAE 为装配件生成网格所需要的网格划分工具,利用所提供的各个层次上的自动划分和控制工具,用户可以生成满足自己需要的网格。在生成网格时,选择使用四边形 / 六面体单元或三角形 / 四面体单元是非常重要的,一般情况下尽量使用四边形 / 六面体单元。

13.1.8 作业模块

一旦完成了所有定义模型的任务,用户就可以利用作业模块分析计算模型。该模块允许用户交互提交分析作业并进行监控,可以同时提交多个模型和运算并对其进行监控。

13.1.9 可视化模块

可视化模块提供了有限元模型和分析结果的图像显示,它从数据库中获得模型和结果信息,通过分析步修改输出要求,从而可以控制写入数据库中的信息。

13.2 实例分析

本节以脚手架横向水平杆的模型分析为例,对 ABAQUS 的建模分析过程进行详细介绍。

首先,启动 ABAQUS/CAE,创建一个新的模型,名称为 shuipinggan,保存模型为 shuipinggan.cae 文件。

点击"模块:部件",单击工具箱中的 ⬛ (创建部件)按钮,弹出如图 13-1 所示的"创建部件"对话框,在"名称"中输入"Part-1",设置"模型空间"为"三维","类型"为"可变形","基本特征"为"壳","类型"为"拉伸",在"大约尺寸"中输入"200",单击"继续 ..."按钮,进入草图环境。

单击工具箱中的 ⬜ (创建线:矩形)按钮,弹出"编辑基本拉伸"对话框,输入矩形的两个对角点坐标,点击"完成",输入"深度"为"600",单击"确定"按钮,如图 13-2 所示。

图 13-1 "创建部件"对话框

图 13-2 "编辑基本拉伸"对话框

点击工具箱中的 ◎ (创建切削:圆孔)按钮,弹出"孔的类型",选择"通过所有",选择平面和孔的方向,并选择两条边对孔进行定位,输入孔的直径,以模拟冲孔,结果如图 13-3 所示。

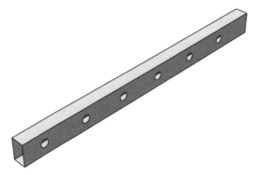

图 13-3　创建圆孔

点击"模块：属性"，单击工具箱中的 （创建材料）按钮，弹出如图 13-4 所示的"编辑材料"对话框，在"名称"中输入"Q235"，分别输入材料的弹性和塑性参数。对于弹性，杨氏模量（弹性模量）为 206 000 N/mm²，泊松比为 0.3；对于塑性，屈服应力为 235 N/mm²。

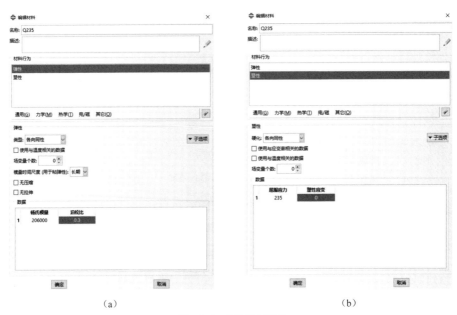

（a）	（b）

图 13-4　"编辑材料"

（a）弹性　（b）塑性

点击 ♟（创建截面）按钮，弹出如图 13-5（a）所示的"创建截面"对话框，选择"类别"为"壳"，"类型"为"均质"，单击"继续 ..."按钮，弹出如图 13-5（b）所示的"编辑截面"对话框，在"壳的厚度"中选择数值然后输入"4"，选择"材料"为"Q235"。

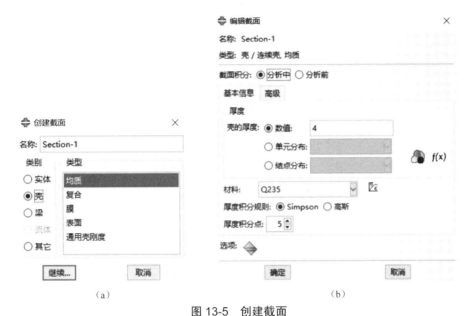

图 13-5　创建截面

（a）"创建截面"对话框　（b）"编辑截面"对话框

点击 （指派截面）按钮，弹出如图 13-6（a）所示的"编辑截面指派"对话框，然后用鼠标选中模型，选择"截面"为"Section-1"，指派成功后，模型变为绿色，如图 13-6（b）所示。

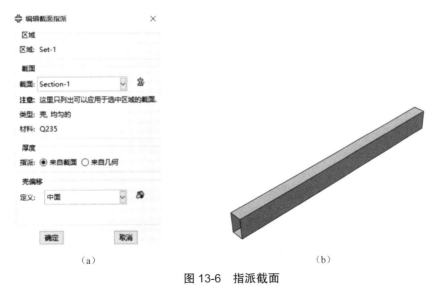

图 13-6　指派截面

（a）"编辑截面指派"对话框　（b）指派成功

点击"模块:装配",点击 🔧（创建实例）按钮,在"实例类型"中选择"非独立",如图 13-7 所示。

点击"模块:分析"步,单击 ►◄（创建分析步）按钮,弹出"编辑分析步"对话框,选择"时间长度"为"1",选择"几何非线性为开",如图 13-8 所示。

图 13-7　"创建实例"对话框　　　图 13-8　"创建分析步"对话框

点击"模块:载荷",单击 🔧（创建载荷）按钮,弹出如图 13-9 所示的"创建载荷"对话框,选择"分析步"为"Step-1","类别"为"力学","可用于所选分析步的类型"为"压强",单击 🔧（创建边界条件）按钮,弹出如图 13-10 所示的"创建边界条件"对话框,选择"分析步"为"Initial","类别"为"力学","可用于所选分析步的类型"为"位移/转角"。

图 13-9　"创建载荷"对话框　　　图 13-10　"创建边界条件"对话框

选择水平杆一侧截面,约束 U2(y 向)和 U3(z 向)位移;选择水平杆另一侧
截面,约束 U2(y 向)位移,如图 13-11 所示。

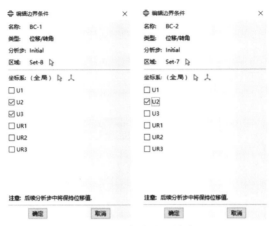

图 13-11　创建边界约束

点击"模块:网格",单击 (为部件实例布种)按钮,弹出如图 13-12(a)所
示的"全局种子"对话框,在"近似全局尺寸"中输入"10",单击 (为部件实例
划分网格)按钮,选择"是"即可为部件划分网格,结果如图 13-12(b)所示。这里
选择 S4R 单元(四结点曲面薄壳或厚壳、减缩积分、沙漏控制、有限膜应变)进行
分析。

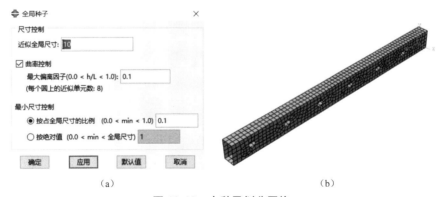

(a)　　　　　　　　　　　　　　(b)

图 13-12　布种及划分网格
(a)"全局种子"对话框　(b)划分网格

点击"模块:作业",单击 (创建作业)按钮,弹出如图 13-13(a)所示的"编
辑作业"对话框,点击"确定",弹出如图 13-13(b)所示的"作业管理器"对话框,

选择"shuipinggan"，单击▦（作业管理器）按钮，单击"提交"按钮，即可进行求解。

（a）　　　　　　　　　　　　　　　（b）

图 13-13　创建并提交作业

（a）"编辑作业"对话框　（b）"作业管理器"对话框

在"作业管理器"对话框中单击"结果"按钮即可查看求解结果，单击▦（在变形图上绘制云图）按钮，可以查看应力云图及变形图，分别如图 13-14 和图 13-15 所示。

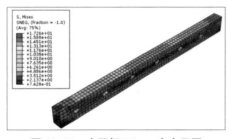

图 13-14　水平杆 Mises 应力云图　　　　图 13-15　水平杆最大变形云图

第14章　全钢附着式升降脚手架专项施工方案

14.1　编制说明

编制依据见表 14-1。

表 14-1　编制依据

类别	名称
标准规范	《危险性较大的分部分项工程安全管理规定》（住建部令第 37 号）
	《关于实施〈危险性较大的分部分项工程安全管理规定〉有关问题的通知》（建办质〔2018〕31 号）
	《建筑施工工具式脚手架安全技术规范》（JGJ 202—2010）
	《建筑施工安全检查标准》（JGJ 59—2011）
	《建筑施工高处作业安全技术规范》（JGJ 80—2016）
	《建筑机械使用安全技术规程》（JGJ 33—2012）
	《施工现场临时用电安全技术规范》（JGJ 46—2005）
	《钢结构设计标准》（GB 50017—2017）
	《建筑物防雷设计规范》（GB 50057—2010）
	《机械设备安装工程施工及验收通用规范》（GB 50231—2009）
	《建筑施工升降设备设施检验标准》（JGJ 305—2013）
	《建筑施工用附着式升降作业安全防护平台》（JG/T 546—2019）
	……
相关文件	工程施工合同
	工程施工图纸、图纸会审及设计变更等
	工程施工组织设计

14.2　工程概况

工程概况对工程总体概况、全钢附着式升降脚手架的概况和特点、施工平面布置及立面布置、施工要求和技术保证条件进行介绍。

其中工程总体概况应包括工程名称、建设单位、监理单位、设计单位、总承包单位、脚手架分包单位、工程所在地、建筑最大高度、±0.00 以上层数、标准层起止层数、标准层单层高度、有无避难层、标准层混凝土强度、结构边缘变化、外墙保温做法、结构形式、特殊结构说明及混凝土模板种类。

全钢附着式升降脚手架的概况和特点应包括架体宽度、架体高度、附着脚手架是否下降、附着脚手架组装楼层、附着脚手架拆除楼层、架体脚手板布置、架体步高、架体翻板布置、机位最大支承跨度、架体端口悬挑长度、每个机位架体自重、操作层与板的距离、允许施工荷载、升降脚手架升降时间、提升机功率、提升速度、提升机额定吨位、预埋水平偏差、附着脚手架平台防火标准、施工载荷传递楼层、附着支座数量、提升机是否周转、最大周转件重量、每次升降层数、防坠距离、机位防坠器个数。

施工要求见表 14-2，技术保证条件见表 14-3。

表 14-2　施工要求

序号	内容
1	安拆人员须在施工前接受专项安全技术交底，熟悉施工方案及图纸要求
2	特种作业人员须持证上岗，严禁患有恐高症、精神病、癫痫病、高血压、心脏病、高度近视等的人员进行高处作业，禁止酒后上架作业
3	设置 ≥300 m² 的施工场地，作为附着脚手架安装时的材料、设备堆放区
4	设置附着脚手架独立专用二级电源，总功率不小于单体楼栋机位数 ×0.5 kW，并严格遵守施工临时用电配线要求
5	对安装阶段、拆除阶段进行现场场地规划，并设置警戒线，架体吊装时设置专人看守，严禁人员进入
6	在附着式升降脚手架插入安装前，建筑物外脚手架需满足安装高度、承载力及平整度条件，以便于升降脚手架安装
7	附着式升降脚手架附着支座及提升支座处需预留穿墙螺栓孔，采用预埋 D50~75 mm PVC 管，预埋中心允许偏差 ±15 mm，内外水平偏差 ±10 mm
8	附着支座安装处混凝土强度高于 C15 级，提升支座安装处混凝土强度高于 C20 级
9	架体拼装须严格依照施工方案、图纸及专业技术指导的要求进行，不得随意更改架体布置，如有变更须经审批后方可实施

表 14-3　技术保证条件

序号	准备内容
1	提供完整的产品资料(产品合格证、评估证书、检测报告及材质单)
2	根据设计文件,对升降脚手架进行设计,绘制相关图纸与节点
3	编制施工方案,按规定进行审批及论证(提升高度超过 150 m 时)

14.3　施工计划

施工计划应包括如下几个方面。

(1)进场安排。附着式升降脚手架的现场安装、提升、拆除应以满足工程主体施工及现场实际工程进度为目标。

(2)架体组装。架体进场后即可组织搭设,依据施工图分单元在地面进行架体组装,架体全高 14.5 m,分 4 节组装,每次组装高度 3.6 m,组装 1 节的时间约 2 天,后续随施工进度逐层搭设上节,中途如遇不可抗力因素导致停工的,工期向后顺延。

(3)架体升降。架体在提升支座位置混凝土强度等级达到 C20 以上时即可准备进行提升,提升作业劳动力安排 4~6 人 / 栋,架体提升设备的提升速度为9~12 cm/min,提升一层需要 40~60 min,架体升降时严禁任何人在架体上作业。

(4)架体停 / 休工。因工程原因架体需长时间停工(超过一个月)或遇恶劣天气等原因必须进行架体加固时,在架体顶部间隔 4 m 左右增设临时拉结装置,安装架体安全限位销轴。

(5)架体拆除。当架体爬升至设计高度,完成安全防护工作后,即可开始架体拆除,架体拆除应遵循自上而下的原则,架体完全拆除需要 10~15 天。

资源配置计划应包括附着式升降脚手架的主要构配件计划清单。

14.4　施工管理及作业人员配备和分工

施工管理及作业人员配备和分工如下。

(1)项目经理。依据工程项目情况选派项目经理 1 人,由其全权负责本工程全钢附着式升降脚手架相关工作事宜,具体工作职责:代表设备单位实施项目管理,完成专业内的工作内容;组织制订工作计划,协调专业人员及各方关系;组织专业施工设计、生产及进度计划安排。

（2）设计负责人。指定设计负责人1人，由其负责本工程附着式升降脚手架设计及技术方案对接，专业技术咨询事宜，具体工作职责：负责专业方案编制及施工图纸深化设计；负责配合总包单位落实方案要求及技术解释答疑；负责项目技术资料管理、签证、收集、整理和归档。

（3）项目驻场技术指导。委派项目驻场技术指导1人，负责本工程全钢附着式升降脚手架施工技术现场指导，驻场时间依据合同约定，具体工作职责：负责现场架体材料进场验收；负责现场对施工班组进行安全技术交底，进行签字确认并留好书面交底；负责指导施工班组进行架体的搭设及使用，对技术重难点进行指导及说明，并对施工过程进行监督管理；负责组织架体自检并提交自检报告；负责代表设备单位参与项目组织的常规性检查验收。

（4）专职安全管理人员。指定项目安全管理人员1人，定期对项目进行安全巡视检查，并对架体使用安全情况进行评估，具体工作职责：负责定期巡视项目架体施工和使用情况，并填写安全检查表；配合总包单位进行安全管理工作事宜；代表设备单位参与项目组织的常规性检查及验收。

（5）特种作业人员。依据工程实际情况配备必要的特种作业人员，并要求其持证上岗。

（6）其他作业人员。配备必要数量的辅助工作人员，上岗前对其进行专项交底培训。

14.5　施工工艺技术

对产品技术参数、架体组成、工艺流程、操作要求进行介绍。

14.6　验收要求

14.6.1　验收标准

1. 验收规范

以表14-1"编制依据"中各规定、规范和标准中的内容作为验收规范，主要依据《建筑施工工具式脚手架安全技术规范》（JGJ 202—2010），同时结合地方管理制度执行。

2. 材料验收

参照施工方案中物资计划内容及项目部的要求,对各构件的质量、外观、颜色及数量等编写具体的验收标准。

3. 成品验收

参照施工方案中对架体各连接节点、控制系统、防坠系统等的具体要求,编写验收标准。

14.6.2　验收程序

1. 混凝土结构强度要求

附着位置结构构件的强度不需试块报告,附着支座支承在建筑物上连接处混凝土的强度应按设计要求确定,强度等级不低于 C15,一般同规格试件的 3 d 强度可达到 28 d 强度的 50%~60%, 7 d 强度达到 28 d 强度的 75%~80%, 28 d 的平均强度不低于设计强度,最低不能小于设计强度的 85%。而附着支座只要受力在所防护楼层的第二、三、四层,按照一般施工进度,混凝土的强度已能够满足要求。

2. 搭设与升降前后及使用中的检查要求

安装完毕提升前的检查与验收主要由安装单位、总包单位、监理单位联合进行,按照施工方案要求的内容进行检查。首次使用时,由分包单位负责自检、总包单位负责复检,合格后报监理单位现场检查验收,最后由分包、总包、监理单位负责人签字后方可进行试升降,并做好"首次使用检查记录"。

3. 升降前的检查与验收

由分包单位负责自检、总包单位负责复检,合格后报监理单位现场再检,最后由分包、总包、监理单位负责人签字后方可进行升降。主要检查项目:临时附墙杆是否拆除、有无障碍物、设备是否完备、各受力杆件安装是否到位、架体上的建筑材料及垃圾是否清理干净等。

4. 升降后的检查与验收

由分包单位负责自检、总包单位负责复检,合格后报监理单位现场再检,最后由分包、总包、监理单位负责人签字后方可交给土建班组使用。主要检查项目有:临时拉结装置是否加好、封闭是否严实、设备是否遮盖防尘、各受力杆件是否完备且充分受力等。

14.6.3　验收内容

1. 入场验收

架体材料入场后,现场技术人员及安全人员应对架体进行基本构件检查与检验,核对材料后施工总承包方签署入场手续,由于材料在搬运和运输过程中,难免出现部分构件损伤,所以材料入场后施工负责人应组织人员对材料归类堆放并按表 14-4 的要求进行检查。

表 14-4　入场验收检查项目

序号		检查项目
1	架体构件	构件是否变形,孔位及焊接零件基本位置是否正确
2		构件喷漆是否均匀,不得有漏漆、留痕或表面粘连物
3		焊缝是否符合要求,不得有缺焊、漏焊、气孔、夹渣等现象
4		导轨、主框架、防护网、脚手板、桁架杆件、水平杆、附着支座、防坠和防倾装置等构件是否有变形
5		防坠器拨叉是否转动灵活
6		螺栓螺纹有无损坏或螺栓有无弯曲现象
7		固定连接销轴有无弯曲
8		各构件有无裂纹或缺损
9	电气设备	各控制箱有无变形、破损或元器件损坏
10		电缆有无破损现象
11	架体外观	架体网片颜色是否与项目要求一致,标志(LOGO)网片是否齐全且与项目要求相符

应及时通知生产部门对不合格产品进行处理或更换并做书面记录,拒绝直接使用不合格产品。

2. 施工过程验收

1)首次安装完毕

全钢附着式升降脚手架首次安装完毕使用前,分包单位应先进行自检,自检验收合格后,再进行联合检验,合格后方可使用。

2)提升或下降前

全钢附着式升降脚手架升降作业前应进行检验,合格后方能进行升降作业。

3）提升或下降到位，在投入使用前

全钢附着式升降脚手架提升或下降到位后，投入使用前应进行检验，合格后方可使用。

4）停用超过 1 个月或遇 6 级及以上大风、大雨或大雪后

全钢附着式升降脚手架停用超过 1 个月或遇 6 级及以上大风、大雨或大雪后应进行检查检验。

具体验收项目参照《建筑施工工具式脚手架安全技术规范》（JGJ 202—2010）中的附录表项。

14.6.4　验收人员

参加验收人员见表 14-5。

表 14-5　参加验收人员

序号	单位	参加验收人员
1	总包单位	项目生产经理、技术负责人、安全负责人
2	分包单位	项目经理、现场技术负责人（技术指导）、安全管理人员
3	监理单位	总监理工程师、专业监理工程师

14.7　施工保证措施

（1）组织保障措施：现场管理组织机构、职责划分、安全管理制度、人员管理。

（2）架体技术措施：安全技术交底及验收、现场施工注意事项、安全检查及隐患处理办法。

（3）防电措施。

（4）防雷措施。

（5）冬季施工措施。

（6）雨季施工措施。

（7）监测监控措施。

（8）评估报告。

14.8　应急处置措施

（1）应急组织机构及职责。

（2）危险源辨识与控制措施。

（3）应急处置措施：报警和联络方式、各类事故的抢险措施。

14.9　计算书

计算书应包含关于架体结构构件强度、稳定性和变形及连接验算。

14.9.1　工程概况

本全钢附着式升降脚手架架体高度为 14 m，架体宽度为 0.65 m，所用钢材为 Q235 钢，架体参数见表 14-6，架体计算简图如图 14-1 所示。

表 14-6　架体参数

架体高度（m）	14	架体宽度（m）	0.65
架体支承跨度（m）	6	悬挑长度（m）	0.8
悬臂高度（m）	5	架体与墙间距（m）	0.25
立杆距离（m）	2	水平杆步距（m）	2
作业面净宽度（m）	0.6	电动葫芦提升能力（t）	7.5

立杆采用 50 mm×50 mm×4 mm 的方钢管进行冲孔加工，各孔间距为 200 mm，各孔平均分布，立杆接头打孔塞焊，内侧与管壁满焊。

导轨杆使用 ϕ48.3 mm×3.6 mm 钢管，后立杆使用 50 mm×50 mm×4 mm 方钢管，防坠小横杆使用 ϕ32 mm 钢管，每档间距为 140 mm，连接杆和斜杆使用 ϕ32 mm×3.25 mm 钢管，连接杆接口处使用 40 mm×40 mm×3 mm 方钢管补强，导轨杆上接头使用 ϕ40 mm×5 mm 无缝钢管。

走道板采用 2 mm 厚花纹钢板，采用 50 mm×30 mm×3 mm 矩形钢管制作水平杆，加强筋采用 50 mm×30 mm×2.5 mm 方钢管。

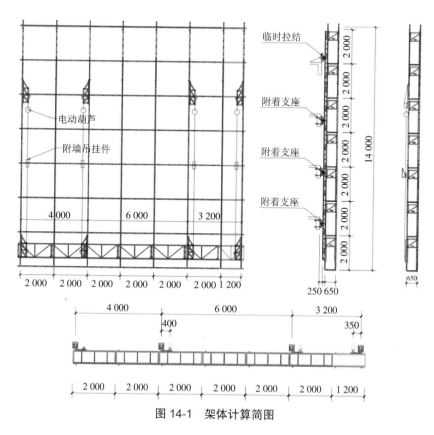

图 14-1 架体计算简图

N 字撑由 40 mm × 40 mm × 4 mm 方钢管作为水平支撑、40 mm × 40 mm × 4 mm 方钢管作为斜撑组成,N 字撑通过 50 mm × 50 mm × 4 mm 方钢管与内立杆用两个 M16 螺栓连接,通过 50 mm × 4 mm 角钢与外立杆用两个 M16 螺栓连接。

水平支承桁架中,桁架横边框和竖边框采用 50 mm × 50 mm × 3 mm 方钢管,中肋和斜撑采用 40 mm × 40 mm × 3 mm 方钢管,加强板采用厚度为 5 mm 的钢板。

防护网架使用 20 mm × 20 mm × 2 mm 方钢管制作,厚度为 0.7 mm 的薄钢板冲孔防护网采用自攻钉固定在边框和中横杆、斜杆上。

吊点桁架使用 50 mm × 30 mm × 4 mm 方钢管制作连接杆和斜杆及横杆,采用 50 mm × 50 mm × 4 mm 方钢管制作立杆,采用 10 mm 厚的钢板制作夹板,立杆加强板为 50 mm × 50 mm × 10 mm 钢板。吊点使用 10 mm 厚的钢板制作,螺栓尺寸为 M24 mm × 100 mm,配 30 mm × 100B 型销轴和 6.3 mm × 50 mm 开口销。

临时拉结点做法:在施工层顶板预埋地锚,在架体 N 字撑处设置水平连接主框架的 φ48.3 mm × 3.6 mm 钢管,每间隔 4 m 设置一个临时拉结点。

本架体采用正挂不倒链体系,通过环链电动葫芦带动链条提升架体。

14.9.2　荷载计算

1.恒荷载和施工活荷载

架体荷载见表14-7。

表 14-7　架体荷载统计

架体自重 G_k	31.22 kN
施工荷载(2 层)Q_{k1}	3 kN/m² × 脚手板长度 × 作业面宽度 × 脚手板层数 3×6×0.65×2 = 23.4 kN
装修荷载(3 层)Q_{k2}	2 kN/m² × 脚手板长度 × 作业面宽度 × 脚手板层数 2×6×0.65×3 = 23.4 kN
升降荷载(3 层)Q_{k3}	0.5 kN/m² × 脚手板长度 × 作业面宽度 × 脚手板层数 0.5×6×0.65×3 = 5.85 kN

架体荷载应分别按内排架、外排架计算,然后进行荷载比较,选取最不利情况进行设计计算,内、外排架操作层的脚手板恒荷载和活荷载按照计算脚手板支座反力的方法进行分配。

1)恒荷载

首层为封闭层,脚手板和副板均采用 2 mm 厚扁豆形花纹钢板,考虑 2 mm 厚的扁豆形花纹钢板每平方米质量为 18.6 kg,故其自重为 0.18 kN/m²,短横杆间距为 0.6 m,将自重转化为短横杆的线荷载为 0.18 kN/m² × 0.6 m = 0.108 kN/m。

图 14-2 为首层脚手板恒荷载示意图。

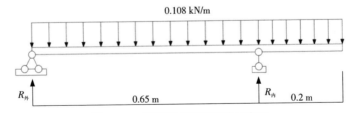

图 14-2　首层脚手板恒荷载示意图

经过计算得(计算方法见例 3-2)

$$R_{外} = 0.031\,7\ kN$$

$$R_{内} = 0.060\,1\,kN$$

首层脚手板自重分配系数如下。

外排架分配系数为

$$M_{外} = R_{外} / (R_{外} + R_{内}) = 0.031\,7 / (0.031\,7 + 0.060\,1) = 0.35$$

内排架分配系数为

$$M_{内} = 1 - M_{外} = 1 - 0.35 = 0.65$$

其余各层为作业层,采用 2 mm 厚花纹钢板,考虑 2 mm 厚花纹钢板自重为 0.18 kN/m²,将其转化为短横杆的线荷载为 0.108 kN/m。

图 14-3 为作业层脚手板恒荷载示意图。

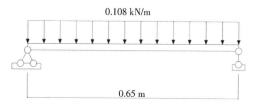

图 14-3　作业层脚手板恒荷载示意图

作业层脚手板自重分配系数如下。

外排架分配系数为

$$M_{外} = 0.5$$

内排架分配系数为

$$M_{内} = 0.5$$

2)活荷载

封闭层脚手板作业区施工活荷载为 3 kN/m²,将其转化为短横杆线荷载为 $q = 1.8\,kN/m$;脚手板悬挑端仅作为防护及临时作业面,设计荷载取 0.5 kN/m²,将其转换为短横杆线荷载 $q = 0.3\,kN/m$。

图 14-4 为封闭层脚手板活荷载示意图。

经过计算得

$$R_{外} = 0.576\,kN$$

$$R_{内} = 0.654\,kN$$

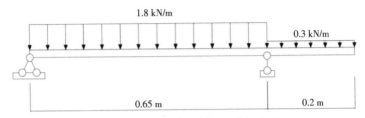

图 14-4 封闭层脚手板活荷载示意图

封闭层脚手板活荷载分配系数如下。

外排架分配系数为

$$M_外 = R_外 / (R_外 + R_内) = 0.576 / (0.576 + 0.654) = 0.47$$

内排架分配系数为

$$M_内 = 1 - M_外 = 1 - 0.47 = 0.53$$

作业层脚手板施工活荷载为 3 kN/m²，将其转换为短横杆线荷载为 1.8 kN/m。

图 14-5 为作业层脚手板活荷载示意图。

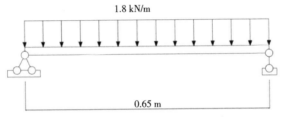

图 14-5 作业层脚手板活荷载示意图

作业层脚手板活荷载分配系数如下。

外排架分配系数为

$$M_外 = 0.5$$

内排架分配系数为

$$M_内 = 0.5$$

（1）基于上述计算的内外排架荷载分配系数，外排架的自重如下。

外立杆自重为

$$G_{1外} = 0.87 \times 3 = 2.61 \text{ kN}$$

外防护网自重为

$$G_{2外} = 8.02 \text{ kN}$$

水平桁架自重为

$$G_{3外} = 1.96 \times 0.5 = 0.98 \text{ kN}$$

N 字撑自重为

$$G_{4外} = 2.67 \times 0.5 = 1.335 \text{ kN}$$

电动葫芦自重为

$$G_{5外} = 1.47 \times 0.5 = 0.735 \text{ kN}$$

走道板自重为

$$G_{6外} = 1.5 \times 0.35 + 6.88 \times 0.5 = 3.965 \text{ kN}$$

螺栓自重为

$$G_{7外} = 0.39 \times 0.5 = 0.195 \text{ kN}$$

外排架总重

$$G_{外} = 2.61 + 8.02 + 0.98 + 1.335 + 0.735 + 3.965 + 0.195 = 17.84 \text{ kN}$$

（2）基于上述计算的内外排架荷载分配系数,内排架的自重如下。

内立杆自重为

$$G_{1内} = 0.87 \times 3 = 2.61 \text{ kN}$$

水平桁架自重为

$$G_{2内} = 1.96 \times 0.5 = 0.98 \text{ kN}$$

N 字撑自重为

$$G_{3内} = 2.67 \times 0.5 = 1.335 \text{ kN}$$

导轨自重为

$$G_{4内} = 2.22 \text{ kN}$$

电动葫芦自重为

$$G_{5内} = 1.47 \times 0.5 = 0.735 \text{ kN}$$

走道板自重为

$$G_{6内} = 1.5 \times 0.65 + 6.88 \times 0.5 = 4.415 \text{ kN}$$

吊点、吊挂件、吊点桁架自重为

$$G_{7内} = 0.89 \text{ kN}$$

螺栓自重为

$$G_{8内} = 0.39 \times 0.5 = 0.195 \text{ kN}$$

内排架总重

$$G_{内} = 2.61 + 0.98 + 1.335 + 2.22 + 0.735 + 4.415 + 0.89 + 0.195 = 13.38 \text{ kN}$$

（3）外排架使用工况下的活荷载标准值如下。

当考虑在封闭层上施工时，活荷载标准值为

$$q_{外活使} = (2 \times 3 \times 0.65 \times 2 \times 3 + 2 \times 3 \times 0.2 \times 2 \times 0.5) \times 0.47 = 11.562 \text{ kN}$$

当考虑在作业层施工时，活荷载标准值为

$$q_{外活使} = 2 \times 3 \times 0.65 \times 2 \times 3 \times 0.5 = 11.7 \text{ kN}$$

取 $q_{外活使}$＝11.7 kN。

（4）外排架升降工况下的活荷载标准值如下。

$$q_{外活升} = 2 \times 3 \times 0.65 \times 3 \times 0.5 \times 0.5 = 2.925 \text{ kN}$$

（5）内排架使用工况下的活荷载标准值如下。

当考虑在封闭层上施工时，活荷载标准值为

$$q_{内活使} = (2 \times 3 \times 0.65 \times 2 \times 3 + 2 \times 3 \times 0.2 \times 2 \times 0.5) \times 0.53 = 13.038 \text{ kN}$$

当考虑在作业层施工时，活荷载标准值为

$$q_{内活使} = 2 \times 3 \times 0.65 \times 2 \times 3 \times 0.5 = 11.7 \text{ kN}$$

取 $q_{内活使} = 13.038 \text{ kN}$。

（6）内排架升降工况下的活荷载标准值如下。

$$q_{内活升} = 2 \times 3 \times 0.65 \times 3 \times 0.5 \times 0.5 = 2.925 \text{ kN}$$

2. 风荷载

1）风荷载标准值

风荷载标准值计算公式为

$$w_k = \beta_z \mu_z \mu_s w_0$$

式中　　w_k——风荷载标准值（kN/m²）；

　　　　β_z——风振系数，$\beta_z = 1$；

　　　　μ_z——风压高度变化系数，$\mu_z = 1.79$（C 类地区，150 m）；

　　　　μ_s——风荷载体型系数；

　　　　w_0——基本风压值（kN/m²），$w_{0使} = 0.3 \text{ kN/m}^2$（天津地区 10 年一遇），$w_{0升降} = 0.25 \text{ kN/m}^2$。

2）架体挡风面积

防护网尺寸为 1 965 mm × 960 mm，取计算单元尺寸为 120 mm × 120 mm，单元开孔数为 100 个，孔直径为 5.5 mm，则网片开孔率为

$$\frac{\pi}{4} \times 5.5^2 \times 100 / (120 \times 120) = 0.17$$

挡风系数为

$$\phi = 1.2 \times (1 - 0.17) = 0.996$$

考虑敞开,则风荷载体型系数为

$$\mu_s = 1.3\phi = 1.3 \times 0.996 = 1.29$$

经过计算得风荷载标准值为

$$w_{k使} = 1 \times 1.79 \times 1.29 \times 0.3 = 0.69 \text{ kN/m}^2$$

$$w_{k升降} = 1 \times 1.79 \times 1.29 \times 0.25 = 0.58 \text{ kN/m}^2$$

14.9.3　走道板验算

走道板采用 2 mm 厚花纹钢板,水平杆为 50 mm × 30 mm × 3 mm 方钢管,加强杆为 50 mm × 30 mm × 2.5 mm 的方钢管,所有边框均开 18 mm 孔,边框角钢间及角钢与筋板间满焊。

图 14-6 为走道板示意图。

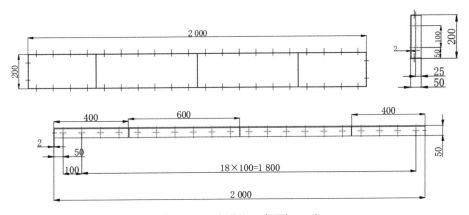

图 14-6　走道板示意图(mm)

2 mm 厚花纹钢板自重为 0.18 kN/m²,施工活荷载为 3 kN/m²。

根据《建筑施工工具式脚手架安全技术规范》(JGJ 202—2010)进行验算,荷载效应组合选用恒荷载 + 施工活荷载的组合。

验算抗弯强度、抗剪强度及整体稳定时,荷载效应组合为

$$S = 1.2S_{Gk} + 1.4S_{Qk}$$

验算竖向挠度时,荷载效应组合为

$$S = 1.0S_{Gk} + 1.0S_{Qk}$$

水平杆的挠度限值为 $L/150$ 和 10 mm, L 为水平杆跨度（mm）。

1. 面板验算

脚手架面板近似按沿纵向的连续梁进行验算，边框和中肋为其支座，按照四跨连续梁计算，受力示意图如图 14-7 所示。

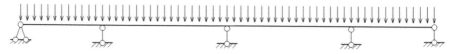

图 14-7 面板受力示意图

截面特性为

$$I_n = \frac{1}{12}bh^3 = \frac{1}{12} \times 600 \times 2^3 = 400 \ mm^4$$

$$W_n = \frac{1}{6}bh^2 = \frac{1}{6} \times 600 \times 2^2 = 400 \ mm^3$$

架体宽度为 0.65 m，立杆为 50 mm×50 mm×4 mm 方钢管，因此架体立杆净距为 0.6 m，即面板使用宽度为 6 m。

面板承受的线荷载为

$$q = (1.2 \times 0.18 + 1.4 \times 3) \times 0.6 = 2.65 \ kN/m$$

利用结构力学求解器建立简化模型，输入荷载和面层截面分布，可以求得弯矩分布，如图 14-8 所示。

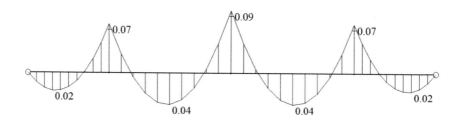

图 14-8 面板弯矩计算结果(kN·m)

由图 14-8 可知，面层的受力为

$$\sigma = \frac{M_{max}}{W_n} = 0.04 \times 10^6 / 400 = 100 \ N/mm^2 < f = 205 \ N/mm^2$$

因此面层的抗弯强度满足要求。

利用结构力学求解器可以求得面板变形，如图 14-9 所示。

图 14-9　面板变形计算结果

结果显示,最大变形发生在中间两跨的跨中,最大位移为

$$9.09\,\text{mm} < \min(10\,\text{mm}, L/150) = 13.3\,\text{mm}$$

因此面层的刚度满足要求。

2. 横向水平杆验算

图 4-10 为横向水平杆恒荷载示意图。

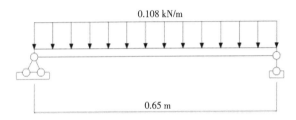

0.108 kN/m

0.65 m

图 14-10　横向水平杆恒荷载示意图

图 4-11 为横向水平杆施工活荷载示意图。

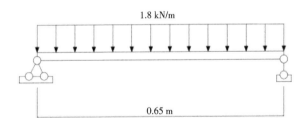

1.8 kN/m

0.65 m

图 14-11　横向水平杆施工活荷载示意图

1）验算结果

对横向水平杆的抗弯强度、抗剪强度和刚度进行验算,验算结果见表 14-8。

表 14-8　验算结果

验算项	验算工况	结果	限值	是否通过
抗弯强度	$1.2G_k + 1.4Q_k$	24.62 N/mm²	215 N/mm²	通过
抗剪强度	$1.2G_k + 1.4Q_k$	3.6 N/mm²	125 N/mm²	通过
竖向挠度	$1.0G_k + 1.0Q_k$	0.15 mm	4.3 mm	通过

2）抗弯强度验算

对于横向水平杆，其弯矩最大截面位于跨中，如图 14-12 所示。

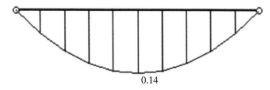

0.14

图 14-12　横向水平杆弯矩值（kN·m）

横向水平杆绕 x 轴弯矩为

$$M_{\max} = \frac{1}{8} qL^2 = \frac{1}{8} \times (1.2 \times 0.108 + 1.4 \times 1.8) \times 0.65^2 = 0.14\, \text{kN} \cdot \text{m}$$

$50\, \text{mm} \times 30\, \text{mm} \times 3\, \text{mm}$ 矩形钢管的截面模量和所受压力分别为

$$W_{nx} = \frac{I_{nx}}{h/2} = \frac{\dfrac{1}{12}bh^3 - \dfrac{1}{12}(b-2t)(h-2t)^3}{h/2}$$

$$= \frac{\dfrac{1}{12} \times 30 \times 50^3 - \dfrac{1}{12} \times (30 - 2 \times 3) \times (50 - 2 \times 3)^3}{50/2} = 5\,685.28\, \text{mm}^3$$

$$\sigma = \frac{M_{\max}}{\gamma_x W_{nx}} = \frac{0.14 \times 10^6}{1 \times 5\,685.28} = 24.62\, \text{N/mm}^2 < 215\, \text{N/mm}^2$$

因此横向水平杆的抗弯强度满足要求。

3）抗剪强度验算

对于横向水平杆，其剪力最大截面位于支座处，如图 14-13 所示。

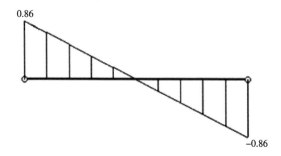

0.86

−0.86

图 14-13　横向水平杆剪力值（kN）

横向水平杆所受剪力

$$V_{\max} = \frac{1}{2} qL = \frac{1}{2} \times (1.2 \times 0.108 + 1.4 \times 1.8) \times 0.65 = 0.86\, \text{kN}$$

$50\ mm \times 30\ mm \times 3\ mm$ 矩形管的惯性矩为

$$I_x = \frac{1}{12}bh^3 - \frac{1}{12}(b-2t)(h-2t)^3$$

$$= \frac{1}{12}\times 30\times 50^3 - \frac{1}{12}\times(30-2\times 3)\times(50-2\times 3)^3 = 142\,132\ mm^4$$

中性轴认上毛截面对中性轴的面积矩为

$$S = bt\cdot\left(\frac{h}{2}-\frac{t}{2}\right) + 2\cdot\left(\frac{h}{2}-t\right)t\cdot\left(\frac{h}{4}-\frac{t}{2}\right)$$

$$= 30\times 3\times\left(\frac{50}{2}-\frac{3}{2}\right) + 2\times\left(\frac{50}{2}-3\right)\times 3\times\left(\frac{50}{4}-\frac{3}{2}\right) = 3\,567\ mm^3$$

则最大剪应力为

$$\tau = \frac{V_{max}S}{I_x t_x} = \frac{0.86\times 10^3\times 3\,567}{142\,132\times 6} = 3.6\ N/mm^2 < f_v = 125\ N/mm^2$$

因此横向水平杆的抗剪强度满足要求。

4）刚度验算

横向水平杆最大变形截面位于跨中，如图 14-14 所示。

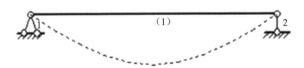

图 14-14　横向水平杆变形示意图

横向水平杆的最大变形为

$$v_{max} = \frac{5q_k L^4}{384EI_x} = \frac{5\times(0.108+1.8)\times 650^4}{384\times 206\times 10^3\times 142\,132} = 0.15\ mm < [v]$$

$$= \min\left(\frac{L}{150},10\right) = 4.3\ mm$$

根据《建筑施工工具式脚手架安全技术规范》（JGJ 202—2010）中 3.4.1 条的规定，横向水平杆刚度满足要求。

5）有限元校核

采用通用有限元分析软件 ABAQUS 进行横向水平杆的强度及挠度计算，考虑材料非线性与几何非线性，选择 ABAQUS/Standard 类型的求解器进行求解。

钢材的设计强度 f = 215 N/mm²，弹性模量为 206 000 N/mm²，泊松比为 0.3。本构关系为理想弹塑性，采用 Mises 屈服准则。使用四节点曲壳单元（S4R）划分网格，有限元模型如图 14-15 所示。横向水平杆两端截面设置铰接，水平杆顶

面施加均布荷载,如图 14-16 所示。计算强度时,横向水平杆承担的线荷载为
q=1.2×0.108+1.4×1.8=2.65 kN/m,在 ABAQUS 中施加荷载时是以面荷载的形
式施加,考虑水平杆宽度为 30 mm,则面荷载大小为

$$\frac{2.65}{30} = 0.088 \text{ N} / \text{mm}^2$$

计算稳定时,q=0.108+1.8=1.908 kN/m,同理可得相应面荷载大小为
$\frac{1.908}{30} = 0.064 \text{ N} / \text{mm}^2$。

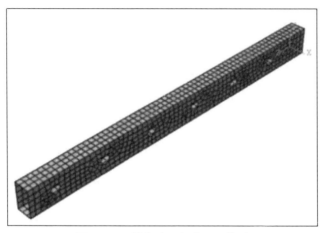

图 14-15　横向水平杆有限元模型

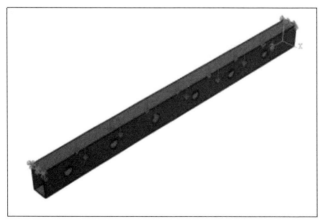

图 14-16　横向水平杆荷载及边界条件设置

Ⅰ.强度分析

结果显示,杆件的 Mises 应力最大值为 17.26 MPa,小于设计强度 215 MPa,

满足强度要求。Mises 应力是一种折算应力,折算依据为能量强度理论,即第四强度理论。由于构件中每个点都未达到屈服强度,所以杆件不会发生整体失稳。图 14-17 为横向水平杆的 Mises 应力云图。

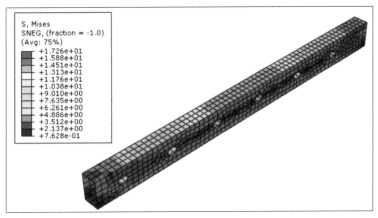

图 14-17　横向水平杆 Mises 应力云图

Ⅱ.挠度分析

杆件的竖向挠度最大值为 0.14 mm ,发生在跨中水平肢边缘处,因为该值小于设计值(4.3 mm),说明杆件刚度满足要求。图 14-18 为横向水平杆竖向挠度。

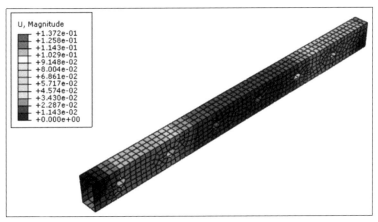

图 14-18　横向水平杆竖向挠度

3.纵向水平杆验算

图 14-19 为纵向水平杆恒荷载示意图。

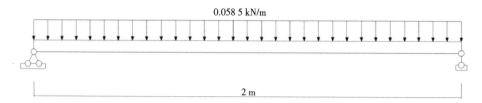

图 14-19　纵向水平杆恒荷载示意图

图 14-20 为纵向水平杆施工活荷载示意图。

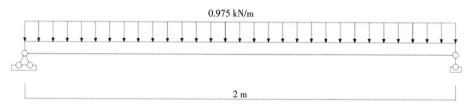

图 14-20　纵向水平杆施工活荷载示意图

1）验算结果

对纵向水平杆的抗弯强度、抗剪强度和刚度进行验算,验算结果见表 14-9。

表 14-9　验算结果

验算项	验算工况	结果	限值	是否通过
抗弯强度	$1.2G_k+1.4Q_k$	126.64 N/mm²	215 N/mm²	通过
抗剪强度	$1.2G_k+1.4Q_k$	6.02 N/mm²	125 N/mm²	通过
竖向挠度	$1.0G_k+1.0Q_k$	7.36 mm	10 mm	通过

2）抗弯强度验算

对于纵向水平杆,其弯矩最大截面位于跨中,如图 14-21 所示。

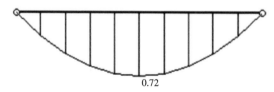

0.72

图 14-21　纵向水平杆弯矩值(kN·m)

纵向水平杆的绕 x 轴弯矩为

$$M_{\max} = \frac{1}{8}qL^2 = \frac{1}{8} \times (1.2 \times 0.058\,5 + 1.4 \times 0.975) \times 2^2 = 0.72 \text{ kN·m}$$

$$M_x = 0.72 \text{ kN·m}$$

50 mm × 30 mm × 3 mm 矩形钢管的截面模量和所受压力分别为

$$W_{\text{nx}} = 5\,685.28 \text{ mm}^3$$

$$\sigma = \frac{M_x}{\gamma_x W_{\text{nx}}} = \frac{0.72 \times 10^6}{1 \times 5\,685.28} = 126.64 \text{ N/mm}^2 < 215 \text{ N/mm}^2$$

因此纵向水平杆的抗弯强度满足要求。

3）抗剪强度验算

对于纵向水平杆，其剪力最大截面位于支座处，如图 14-22 所示。

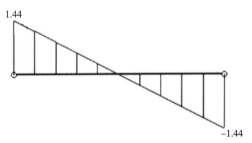

图 14-22　纵向水平杆剪力值（kN）

纵向水平杆所受的最大荷载为

$$V_{\max} = \frac{1}{2}qL = \frac{1}{2} \times (1.2 \times 0.058\,5 + 1.4 \times 0.975) \times 2 = 1.44 \text{ kN}$$

50 mm × 30 mm × 3 mm 矩形管的惯性矩、面积矩和所受剪力分别为

$$I_x = 142\,132 \text{ mm}^4$$

$$S = 3\,567 \text{ mm}^3$$

$$\tau = \frac{V_{\max} S}{I_x t_{\text{w}}} = \frac{1.44 \times 10^3 \times 3\,567}{142\,132 \times 6} = 6.02 \text{ N/mm}^2 < 125 \text{ N/mm}^2$$

因此纵向水平杆的抗剪强度满足要求。

4）刚度验算

纵向水平杆最大变形截面位于跨中，如图 14-23 所示。

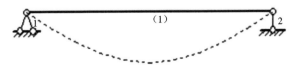

图 14-23　封闭层纵向水平杆变形示意图

纵向水平杆的最大变形为

$$v_{\max} = \frac{5q_k L^4}{384EI_x} = \frac{5 \times (0.058\ 5 + 0.975) \times 2\ 000^4}{384 \times 206 \times 10^3 \times 142\ 132} = 7.36\ \text{mm} < [v]$$

$$= \min\left(\frac{L}{150}, 10\right) = 10\ \text{mm}$$

根据《建筑施工工具式脚手架安全技术规范》(JGJ 202—2010)中 3.4.1 条的规定,纵向水平杆刚度满足要求。

5)有限元校核

采用通用有限元分析软件 ABAQUS 进行纵向水平杆的强度及挠度分析计算。考虑材料非线性与几何非线性,选择 ABAQUS/Standard 类型的求解器进行求解。

钢材的设计强度 $f = 215\ \text{N/mm}^2$,弹性模量为 206 000 N/mm^2,泊松比为 0.3。本构关系为理想弹塑性,采用 Mises 屈服准则。使用四节点曲壳单元(S4R)划分网格,有限元模型如图 14-24 所示。纵向水平杆两端截面设置铰接,水平杆顶面施加均布荷载,如图 14-25 所示。计算强度时,纵向水平杆承担的线荷载为

$$q = 1.2 \times 0.058\ 5 + 1.4 \times 0.975 = 1.435\ 2\ \text{kN/m}$$

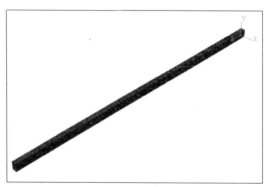

图 14-24　纵向水平杆有限元模型

图 14-25　纵向水平杆荷载及边界条件设置

则施加于 ABAQUS 中水平杆上的面荷载为

$$\frac{1.435\,2}{30} = 0.047\,84\,\text{N}/\text{mm}^2$$

计算挠度时,纵向水平杆承担的线荷载为 q=0.058 5+0.975=1.033 5 kN/m,则施加于 ABAQUS 中水平杆上的面荷载为 $\dfrac{1.033\,5}{30} = 0.034\,45\,\text{N}/\text{mm}^2$ 。

Ⅰ. 强度分析

杆件的 Mises 应力最大值为 71.83 MPa,小于设计强度 215 MPa,因此满足强度要求。图 14-26 为纵向水平杆 Mises 应力云图。

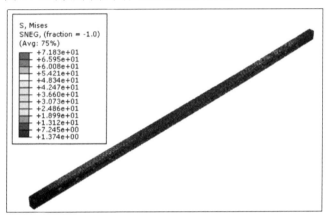

图 14-26　纵向水平杆 Mises 应力云图

Ⅱ. 挠度分析

杆件的竖向挠度最大值为 6.294 mm,小于设计值 10 mm,发生在跨中水平肢边缘处,说明杆件刚度满足要求。图 14-27 为纵向水平杆竖向挠度。

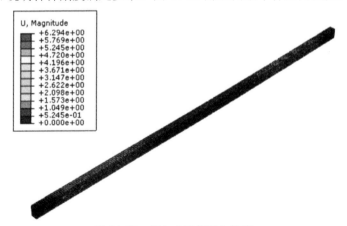

图 14-27　纵向水平杆竖向挠度

4. 横向水平杆与纵向水平杆连接焊缝验算

假设竖向焊缝承担全部剪力,焊脚尺寸为母材厚度的 1.2 倍。焊缝所受剪应力为

$$\tau_f = \frac{V}{h_e l_w} = \frac{0.86 \times 10^3}{0.7 \times 4.8 \times 2 \times 50} = 2.56 \text{ N/mm}^2 < f_f^w = 160 \text{ N/mm}^2$$

因此纵横向水平杆连接焊缝强度合格。

5. 纵向水平杆与立杆连接螺栓验算

螺栓直径为 16 mm,材质为 4.8 级普通螺栓。该螺栓抗剪承载力设计值、承压承载力设计值分别为

$$N_v^b = n_v \frac{\pi d^2}{4} f_v^b = 1 \times \frac{3.14 \times 16^2}{4} \times 140 = 28.13 \text{ kN}$$

$$N_c^b = d \sum t f_c^b = 16 \times 2.75 \times 305 = 13.42 \text{ kN}$$

在抗剪连接中,螺栓承载力设计值应取抗剪和承压设计值中的较小者,则验算公式如下:

$$N = 2.88 \text{ kN} < N_{min}^b = \min\left\{N_v^b, N_c^b\right\} = 13.42 \text{ kN}$$

14.9.4　立杆验算

立杆采用 50 mm × 50 mm × 4 mm Q235 材料的方钢管进行冲孔加工制作,冲孔间距为 200 mm(平均分布)。外立杆长度为 6 m+4 m+4 m,内立杆为 6 m+4 m+4 m;接头使用 40 mm × 40 mm × 4 mm 方管制作,打孔塞焊,内侧与管壁满焊。

立杆荷载计算应分别按内排架、外排架计算,然后进行荷载比较,选取最不利的情况进行设计计算。

由单位架体立杆受荷范围简图(图 14-28)可知,其中受力最不利的为架体构架立杆,其所受荷载为内 / 外排架荷载组合值的 1/3。

按照《建筑施工工具式脚手架安全技术规范》(JGJ 202—2010)的规定,水平支承桁架上部的脚手架计算立杆稳定时,荷载效应组合取两种组合:恒荷载 + 施工荷载;恒荷载 +0.9(施工荷载 + 风荷载)。

对 50 mm × 50 mm × 4 mm 方钢管,

$$A = bh - (b-2t)(h-2t) = 50 \times 50 - (50 - 2 \times 4) \times (50 - 2 \times 4) = 736 \text{ mm}^2$$

$$I_x = \frac{1}{12}bh^3 - \frac{1}{12}(b-2t)(h-2t)^3 = \frac{1}{12} \times 50^4 - \frac{1}{12} \times (50 - 2 \times 4)^4$$

$$= 261\,525 \text{ mm}^4 = I_y$$

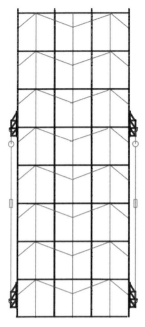

图 14-28　立杆受荷范围简图

$$W_x = \frac{I_x}{h/2} = \frac{261\,525}{50/2} = 10\,461\ \text{mm}^3 = W_{nx} = W_y = W_{ny}$$

$$i_x = \sqrt{\frac{I_x}{A}} = \sqrt{\frac{261\,525}{736}} = 18.85\ \text{mm} = i_y$$

立杆长细比 $\lambda_x = l/i_x = 2\,000/18.85 = 106.1 = \lambda_y < 210$，查表得 $\varphi = 0.544$。

1. 内立杆强度验算

作用在内立杆上的轴力为

$$(1.2G_{内} + 1.4q_{内活使})/3 = (1.2 \times 13.38 + 1.4 \times 13.038)/3 = 11.44\ \text{kN}$$

$$\sigma = \frac{N}{\varphi A} = \frac{11.44 \times 10^3}{0.544 \times 736} = 28.57\ \text{N/mm}^2 < f = 215\ \text{N/mm}^2$$

因此内立杆强度满足要求。

2. 外立杆强度验算

1）作用在外立杆上的轴力（荷载效应组合 1）

$$(1.2G_{外} + 1.4q_{外活使})/3 = (1.2 \times 17.84 + 1.4 \times 11.7)/3 = 12.6\ \text{kN}$$

$$\sigma = \frac{N}{\varphi A} = \frac{12.6 \times 10^3}{0.544 \times 736} = 31.47\ \text{N/mm}^2 < f = 215\ \text{N/mm}^2$$

2）作用在外立杆上的轴力（荷载效应组合2）

$$(1.2G_{外}+1.4q_{外活使})/3=(1.2\times17.84+1.4\times0.9\times11.7)/3=12.05\,\text{kN}$$

由风荷载设计值产生的立杆段弯矩为

$$M_{\text{w}}=0.9\times1.4\times\frac{w_k\times l_a\times h^2}{8}=0.9\times1.4\times\frac{0.69\times2\times2^2}{8}=0.87\,\text{kN·m}$$

考虑风荷载时，作用在外立杆上的轴力为

$$\sigma=\frac{N}{\varphi A}+\frac{M_{\text{w}}}{\gamma_x W_{nx}}=\frac{12.05\times10^3}{0.544\times736}+\frac{0.87\times10^6}{1\times10\,461}$$

$$=113.27\,\text{N/mm}^2<205\,\text{N/mm}^2$$

因此外立杆强度验算满足要求。

3. 有限元校核

采用通用有限元分析软件 ABAQUS 进行立杆的强度及稳定计算。考虑材料非线性与几何非线性，选择 ABAQUS/Standard 类型的求解器进行求解。

钢材的设计强度 $f=215\,\text{N/mm}^2$，弹性模量为 $206\,000\,\text{N/mm}^2$，泊松比为 0.3。本构关系为理想弹塑性，采用 Mises 屈服准则。利用梁单元建模，使用四节点曲壳单元（S4R）划分网格。立杆支座设置铰接，水平支承以水平方向约束体现，在立杆顶端施加轴力，以线荷载形式施加风荷载，如图 14-29 所示。分析强度时，风荷载对立杆的作用为 $0.9\times1.4\times0.69\times2=1.74\,\text{kN/m}$；分析挠度时，风荷载对立杆的作用为 $0.69\times2=1.38\,\text{kN/m}$。

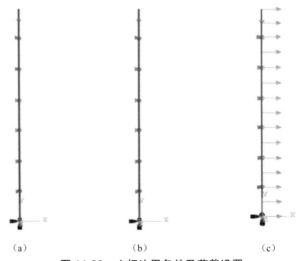

（a）　　　　　　（b）　　　　　　（c）

图 14-29　立杆边界条件及荷载设置

（a）内立杆　（b）外立杆（不考虑风荷载）　（c）外立杆（考虑风荷载）

1）强度分析

由图 14-30 可知，架体构架内立杆的 Mises 应力最大值为 23.85 MPa，架体构架外立杆的 Mises 应力最大值为 26.85 MPa（不考虑风荷载）和 73.75 MPa（考虑风荷载）。按《建筑施工工具式脚手架安全技术规范》（JGJ 202—2010）查表得稳定系数为 0.544，则最大应力值为 135.6 MPa ＜ 215 MPa，因此满足强度要求。由于构件中每个点都未达到屈服强度，故杆件不会发生整体失稳。

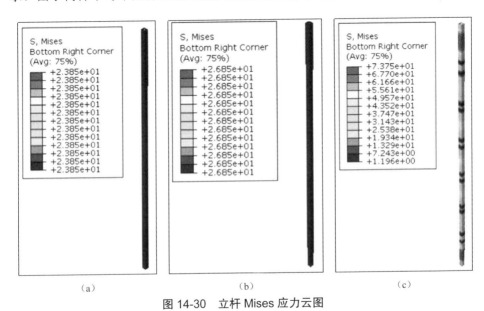

图 14-30　立杆 Mises 应力云图

（a）内立杆　（b）外立杆（不考虑风荷载）　（c）外立杆（考虑风荷载）

2）挠度分析

由图 14-31 可知，不考虑风荷载时，仅在轴力作用下，立杆发生竖向压缩变形，且沿杆长线性增长；考虑风荷载时立杆出现侧向弯曲，变形形式与水平支承条件有关。

按照《建筑施工工具式脚手架安全技术规范》（JGJ 202—2010）中的规定，悬臂受弯杆件的挠度限值为 $l/400$（l 为受弯杆件跨度，mm），立杆最大变形值为 3.82 mm ＜ 5 mm，因此刚度满足要求。

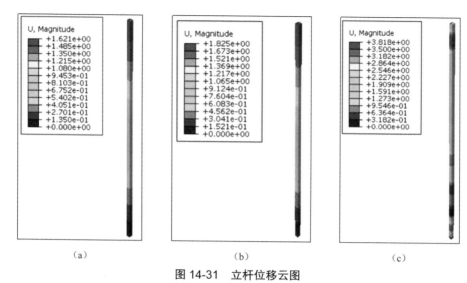

（a）　　　　　　　　　　　　（b）　　　　　　　　　　　　（c）

图 14-31　立杆位移云图

（a）内立杆　（b）外立杆（不考虑风荷载）　（c）外立杆（考虑风荷载）

14.9.5　水平支承桁架验算

水平支承桁架跨距为 2 m，跨数为 3，宽度为 0.65 m，高度为 0.85 m。桁架横边框和竖边框采用 50 mm × 50 mm × 3 mm 方钢管，中肋和斜撑采用 40 mm × 40 mm × 3 mm 方钢管，加强板采用 5 mm 厚的钢板。水平支承桁架是架体底部主要的受力结构，为架体上部提供主要的支承力。

进行水平支承桁架荷载计算时，分别按内排架、外排架计算，然后进行荷载比较，选取最不利的情况进行设计计算。为简化起见，在计算整体桁架结构时，将立杆传来的竖向力全部考虑为上弦节点荷载；水平支承桁架验算选用的荷载组合为恒荷载 + 施工活荷载。

水平支承桁架结构简图及荷载计算简图分别如图 14-32 和图 14-33 所示。

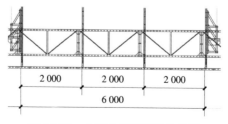

图 14-32　水平支承桁架结构简图

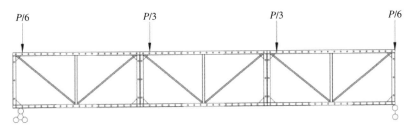

图 14-33　水平支承桁架荷载计算简图

P—内 / 外排架承担的荷载组合值

1. 荷载计算

1）恒荷载

$P_{外恒}=17.84/3=5.95\,kN$（外排架总重 17.84 kN）

$P_{内恒}=13.38/3=4.46\,kN$（内排架总重 13.38 kN）

2）活荷载标准值

外排架使用工况下，活荷载标准值为

$P_{外活使}=q_{外活使}/n=11.7/3=3.9\,kN$

外排架升降工况下，活荷载标准值为

$P_{外活升}=q_{外活升}/n=2.925/3=0.975\,kN$

内排架使用工况下，活荷载标准值为

$P_{内活使}=q_{内活使}/n=13.038/3=4.346\,kN$

内排架升降工况下，活荷载标准值为

$P_{内活升}=q_{内活升}/n=2.925/3=0.975\,kN$

3）上弦节点荷载设计值

计算公式为

$P_{设}=1.2P_{恒}+1.4P_{活}$

外排架使用工况下，节点荷载设计值为

$P_{外设使}=1.2\times5.95+1.4\times3.9=12.6\,kN$

外排架升降工况下，节点荷载设计值为

$P_{外设升}=1.2\times5.95+1.4\times0.975=8.51\,kN$

内排架使用工况下，节点荷载设计值为

$P_{内设使}=1.2\times4.46+1.4\times4.346=11.44\,kN$

内排架升降工况下，节点荷载设计值为

$P_{内设升}=1.2\times4.46+1.4\times0.975=6.72\,kN$

经比较得知,最不利的情况是在使用工况下的外排架,此时桁架节点荷载为12.6 kN,以此作为水平支承桁架的设计荷载。

图 14-34 为桁架荷载布置图。

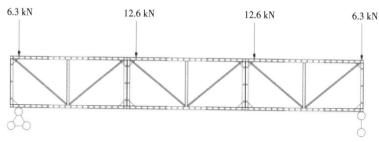

6.3 kN　　12.6 kN　　12.6 kN　　6.3 kN

图 14-34　桁架荷载布置图($1.2G_k+1.4Q_k$)

2. 模型计算

在 MIDAS 中建立模型进行计算,竖杆和斜杆均采用桁架单元,水平杆由于承受弯矩,故采用梁单元进行计算。

对于受压杆件,除了需进行强度验算,更需进行稳定性验算,MIDAS 提供的应力比验算功能可以参照《钢结构设计标准》(GB 50017—2017)中规定的稳定系数进行受压构件的稳定计算,当所求得的应力比小于 1 时即证明构件满足稳定性要求。

图 14-35 为水平支承桁架的应力计算结果,可以看出最大应力为 153.4 MPa < 215 MPa,因此满足强度要求。

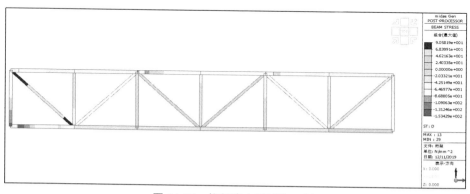

图 14-35　桁架应力图(N/mm²)

对水平支承桁架的构件进行编号,如图 14-36 所示。由 MIDAS 的应力比验算功能,求得各构件的应力比如图 14-37 和表 4-10 所示。可以看出最大应力比为 0.71 < 1,因此应力比满足要求。又根据《建筑施工工具式脚手架安全技术规范》(JGJ 202—2010) 的规定,竖向主框架压杆的 $[\lambda] \leq 150$,脚手架立杆的 $[\lambda] \leq 210$,其他拉杆的 $[\lambda] \leq 350$,本计算书统一选取水平支承桁架的杆件长细比限值为 150,可以看出长细比满足要求。

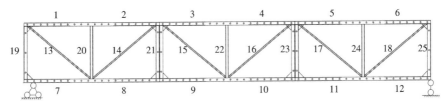

图 14-36 水平桁架杆件编号图

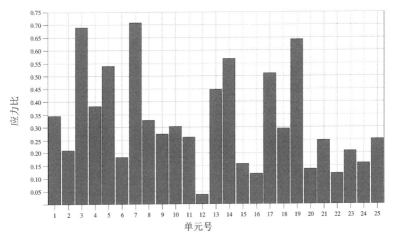

图 14-37 水平桁架杆件应力比计算结果

表 14-10 杆件验算结果

杆件号	应力比	应力比限值	长细比	长细比限制	是否通过
1	0.34	1	52	150	是
2	0.21	1	52	150	是
3	0.68	1	52	150	是
4	0.38	1	52	150	是
5	0.54	1	52	150	是
6	0.18	1	52	150	是

续表

杆件号	应力比	应力比限值	长细比	长细比限制	是否通过
7	0.71	1	52	150	是
8	0.33	1	52	150	是
9	0.27	1	52	150	是
10	0.31	1	52	150	是
11	0.26	1	52	150	是
12	0.04	1	52	150	是
13	0.45	1	86.6	150	是
14	0.57	1	86.6	150	是
15	0.16	1	86.6	150	是
16	0.12	1	86.6	150	是
17	0.51	1	86.6	150	是
18	0.29	1	86.6	150	是
19	0.64	1	44.2	150	是
20	0.13	1	56.11	150	是
21	0.25	1	44.2	150	是
22	0.12	1	56.11	150	是
23	0.21	1	44.2	150	是
24	0.17	1	56.11	150	是
25	0.26	1	44.2	150	是

3. 焊缝验算

（1）斜杆与竖杆通过焊缝连接（图 14-38），焊缝高度为母材厚度的 1.2 倍，即 3.6 mm。

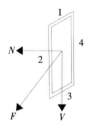

图 14-38　斜杆与立杆连接焊缝

根据 MIDAS 的验算结果, 斜杆所承担的最大压力为 -19.6 kN, 最大拉力为 19.8 kN。

当 $F = -19.6$ N 时, 图 14-38 中的焊缝 2 和焊缝 4 承担全部剪力 $V = 12.61$ kN, 此时焊缝 1 和焊缝 3 承担压力 $N = 15.04$ kN。则焊缝 1 和焊缝 3 所受压应力为

$$\sigma_f = \frac{N}{h_e l_w} = \frac{15.04 \times 10^3}{0.7 \times 3.6 \times 160} = 37.3 \text{ N/mm}^2 < \beta_f f_f^w = 195.2 \text{ N/mm}^2$$

因此焊缝 1 和焊缝 3 强度合格。

此时焊缝 2 和焊缝 4 所受剪应力为

$$\tau_f = \frac{V}{h_e l_w} = \frac{12.61 \times 10^3}{0.7 \times 3.6 \times 80} = 62.55 \text{ N/mm}^2$$

$$\sqrt{\left(\frac{\sigma_f}{\beta_f}\right)^2 + \tau_f^2} = \sqrt{\left(\frac{37.3}{1.22}\right)^2 + 62.55^2} = 69.62 \text{ N/mm}^2 \leqslant f_f^w = 160 \text{ N/mm}^2$$

因此焊缝 2 和焊缝 4 强度合格。

当 $F = 19.8$ kN 时, 焊缝 2 和焊缝 4 承担全部剪力 $V = 12.73$ kN, 此时焊缝 1 和焊缝 3 承担拉力 $N = 15.17$ kN, 则焊缝 1 和焊缝 3 所受压应力为

$$\sigma_f = \frac{N}{h_e l_w} = \frac{15.17 \times 10^3}{0.7 \times 3.6 \times 160} = 37.63 \text{ N/mm}^2 < \beta_f f_f^w = 195.2 \text{ N/mm}^2$$

因此焊缝 1 和焊缝 3 强度合格。

此时焊缝 2 和焊缝 4 所受剪应力为

$$\tau_f = \frac{V}{h_e l_w} = \frac{12.73 \times 10^3}{0.7 \times 3.6 \times 80} = 63.14 \text{ N/mm}^2$$

$$\sqrt{\left(\frac{\sigma_f}{\beta_f}\right)^2 + \tau_f^2} = \sqrt{\left(\frac{37.63}{1.22}\right)^2 + 63.14^2} = 70.27 \text{ N/mm}^2 < f_f^w = 160 \text{ N/mm}^2$$

因此焊缝 2 和焊缝 4 强度合格。

（2）水平杆与竖杆通过焊缝连接, 焊缝高度为母材厚度的 1.2 倍, 即 2.4 mm。

根据 MIDAS 的验算结果, 竖杆所承担的最大压力为 -19 kN, 则焊缝承担的剪力为 19 kN, 剪应力为

$$\tau_f = \frac{V}{h_e l_w} = \frac{19 \times 10^3}{0.7 \times 3.6 \times 160} = 47.12 \text{ N/mm}^2 \leqslant f_f^w = 160 \text{ N/mm}^2$$

因此焊缝强度合格。

4. 螺栓验算

桁架采用 M16 螺栓与竖向立杆连接,单位架体有 8 个螺栓,共承担 37.8 kN 的力。该螺栓的抗剪承载力设计值、承压承载力设计值分别为

$$N_v^b = n_v \frac{\pi d^2}{4} f_v^b = 1 \times 3.14 \times \frac{16^2}{4} \times 140 = 28.15 \text{ kN}$$

$$N_c^b = d \sum t f_c^b = 16 \times 2.75 \times 305 = 13.42 \text{ kN}$$

在抗剪连接中,螺栓承载力设计值应取抗剪和承压设计值中的较小者,则验算公式如下:

$$N = 4.725 \text{ kN} < \min(N_v^b, N_c^b) = 13.42 \text{ kN}$$

因此螺栓强度合格。

14.9.6　主框架验算

主框架结构简图如图 14-39 所示,杆件编号图如图 14-40 所示。

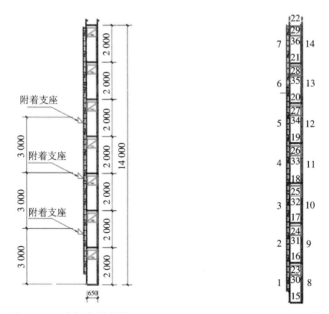

图 14-39　主框架结构简图　　　　图 14-40　主框架杆件编号图

主框架在升降、坠落工况时,其设计荷载应乘以附加荷载不均匀系数 2.0,在使用工况时,其设计荷载应乘以附加荷载不均匀系数 1.3。

1. 升降工况

1）支座约束及荷载计算

升降工况采用侧提升方式，支座仅承受 x、y 方向荷载并约束架体，z 方向由提升设备承受架体荷载。

风荷载 $w_{k升降} = 0.58\,\mathrm{kN/m^2}$，将其转化为节点荷载为

$$P = 2 \times 1.4 \times 0.9 \times 0.58 \times 6 \times 2 = 17.54\,\mathrm{kN}$$

对于水平支承桁架来说，外排架升降工况下的节点荷载为

$$P_{外设升} = 1.2 \times 5.95 + 1.4 \times 0.975 = 8.51\,\mathrm{kN}$$

则外侧水平支承桁架支座反力为 $8.51 + \dfrac{8.51}{2} = 12.765\,\mathrm{kN}$，作用在竖向主框架上的力为 $2 \times 12.765 \times 2 = 51.06\,\mathrm{kN}$。

内排架升降工况下的节点荷载为

$$P_{内设升} = 1.2 \times 4.46 + 1.4 \times 0.975 = 6.72\,\mathrm{kN}$$

则内侧水平支承桁架支座反力为 $6.72 + \dfrac{6.72}{2} = 10.08\,\mathrm{kN}$，作用在竖向主框架上的力为 $2 \times 10.08 \times 2 = 40.32\,\mathrm{kN}$。

在风压和风吸作用下的主框架受力简图分别如图 14-41 和图 14-42 所示。

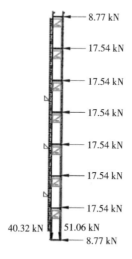

图 14-41　升降工况风压作用下荷载示意图

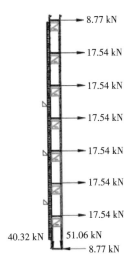

图 14-42　升降工况风吸作用下荷载示意图

2）验算结果

Ⅰ.N 字撑

由 MIDAS 验算结果（图 14-43 和图 14-44）可以看出 N 字撑最大应力为 77.2 MPa，N 字撑方钢管截面为 40 mm×40 mm×4 mm，$A=bh-(b-2t)(h-2t)=40\times 40-(40-2\times 4)\times(40-2\times 4)=576$ mm²，$I_x=\dfrac{1}{12}bh^3-\dfrac{1}{12}(b-2t)(h-2t)^3=\dfrac{1}{12}\times 40^4-\dfrac{1}{12}\times(40-2\times 4)^4=125\,952$ mm⁴$=I_y,i_x=\sqrt{\dfrac{I_x}{A}}=\sqrt{\dfrac{125\,952}{576}}=14.78$ mm $=i_y$，$\lambda_x=\dfrac{1}{i_x}=\dfrac{600}{14.78}=40.6=\lambda_y$ 查《建筑施工工具式脚手架安全技术规范》（JGJ 202—2010）得 $\varphi=0.882$，则 77.2/0.882 = 87.5 MPa < 205 MPa。因此 N 字撑强度满足要求。

Ⅱ.外立杆

由 MIDAS 验算结果（图 14-45 和图 14-46）可以看出最大拉应力为 193.3 MPa < 215 MPa，最大压应力为 158.6 MPa，查《建筑施工工具式脚手架安全技术规范》（JGJ 202—2010）得 $\varphi=0.544$。由于轴力产生的应力为 55 MPa，弯矩产生的应力为 103.6 MPa，55/0.544+103.6 = 204.7 MPa < 215 MPa。因此外立杆强度满足要求。

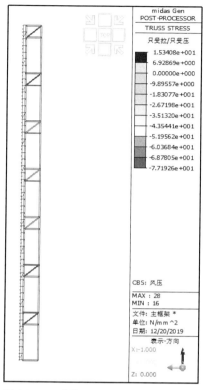

图 14-43　升降工况风压作用下 N 字撑
　　　　　应力（MPa）

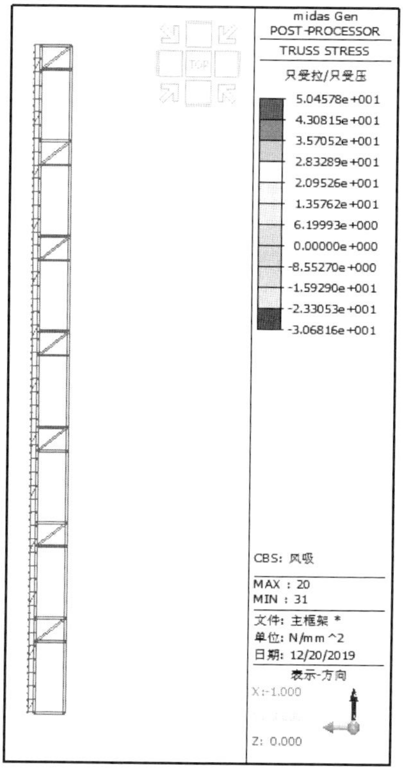

图 14-44　升降工况风吸作用下 N 字撑
　　　　　应力（MPa）

Ⅲ. 导轨

在升降工况下，导轨承担轴向荷载为

$$P = 2 \times (1.2G_k + 1.4Q_k) = 2 \times (1.2 \times 31.22 + 1.4 \times 0.5 \times 3 \times 0.65 \times 6)$$
$$= 91.31\,\text{kN}$$

承担水平风荷载为

$$q = 2 \times 1.4 \times 0.9 \times 0.58 \times 6 \times 2 = 17.54\,\text{kN}$$

由图 14-47，计算出导轨截面相关参数为：$A = 1\,747\,\text{mm}^2$，$y_0 = 0\,\text{mm}$，$x_0 = 63.2\,\text{mm}$，$I_{x0} = 5.47 \times 10^6\,\text{mm}^4$，$I_{y0} = 8.08 \times 10^6\,\text{mm}^4$，$W_{x0} = 5.81 \times 10^4\,\text{mm}^3$，$W_{y0} = 7.23 \times 10^4\,\text{mm}^3$，$i_{x0} = 55.96\,\text{mm}$，$i_{y0} = 68.01\,\text{mm}$，$\lambda_{x0} = 53.61$，$\lambda_{y0} = 44.11$（具体计算过程见 9.4 算例）。

查《建筑施工工具式脚手架安全技术规范》（JGJ 202—2010）得 $\varphi = 0.839$。

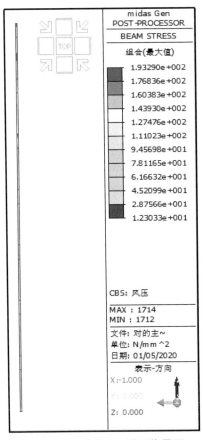

图 14-45 升降工况风压作用下
外立杆应力(MPa)

图 14-46 升降工况风吸作用下
外立杆应力(MPa)

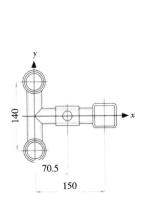

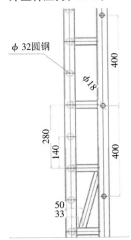

图 14-47 导轨截面示意图(mm)

通过结构力学求解器建立模型如图 14-48 所示。

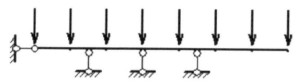

图 14-48　升降工况下风荷载作用及边界条件示意图

求得弯矩图如图 14-49 所示。

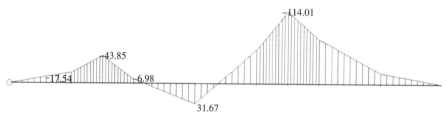

图 14-49　升降工况下风荷载产生的弯矩(kN·m)

考虑最不利情况时,导轨承担的压力和压应力分别为

$$N = 91.31 + 114.01 / 0.65 = 266.71 \, \text{kN}$$

$$\sigma = \frac{N}{\varphi A} = \frac{266.71 \times 10^3}{0.839 \times 1\,747} = 181.96 \, \text{N/mm}^2 < 205 \, \text{N/mm}^2$$

因此导轨满足受压稳定要求。

升降工况下导轨变形如图 14-50 所示。

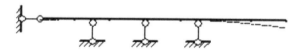

图 14-50　升降工况下导轨变形示意图

由结构力学求解器计算结果,导轨发生的最大变形为 0.398 mm<L/400= 2 000/400=5 mm。因此导轨刚度满足要求。

Ⅳ. 导轨与立杆连接螺栓验算

导轨和立杆之间通过 M16 螺栓连接,所有螺栓承担的剪力为

$$V = 1.2G_{\text{k}} + 1.4Q_{\text{k}} = 1.2 \times 31.22 + 1.4 \times 0.5 \times 3 \times 0.65 \times 6 = 45.654 \, \text{kN}$$

考虑荷载不均匀系数 2.0,则

$$V = 91.308 \, \text{kN}$$

螺栓间距为 400 mm,每个导轨和立杆之间共 35 个螺栓,每个螺栓承担的剪力为 2.61 kN。则螺栓的抗剪承载力设计值、承压承载力设计值和承载力分别为

$$N_v^b = n_v \frac{\pi d^2}{4} f_v^b = 1 \times \frac{3.14 \times 16^2}{4} \times 140 = 28.13 \text{ kN}$$

$$N_c^b = d \sum t f_c^b = 16 \times 2.75 \times 305 = 13.42 \text{ kN}$$

$$V = 2.61 \text{ kN} < N_{min}^b = \min \left\{ N_v^b, N_c^b \right\} = 13.42 \text{ kN}$$

因此螺栓强度合格。

2. 使用工况

1)支座约束及荷载布置

上面支座仅承受 x、y 方向荷载并约束架体,最下面的支座承受 x、y、z 方向的荷载并约束架体。

风荷载 $w_{k使用} = 0.69 \text{ kN/m}^2$,将其转化为节点荷载为

$$P = 1.3 \times 1.4 \times 0.9 \times 0.69 \times 6 \times 2 = 13.56 \text{ kN}$$

对于水平支承桁架来说,外排架在使用工况下的节点荷载为

$$P_{外设使} = 1.2 \times 5.95 + 1.4 \times 3.9 = 12.6 \text{ kN}$$

则外侧水平支承桁架支座反力为 $12.6 + \dfrac{12.6}{2} = 18.9 \text{ kN}$,作用在竖向主框架上的竖向力为 $1.3 \times 18.9 \times 2 = 49.14 \text{ kN}$。

内排架在使用工况下的节点荷载为

$$P_{内设使} = 1.2 \times 4.46 + 1.4 \times 4.346 = 11.44 \text{ kN}$$

则内侧水平支承桁架支座反力为 $11.44 + \dfrac{11.44}{2} = 17.16 \text{ kN}$,作用在竖向主框架上的竖向力为 $1.3 \times 17.16 \times 2 = 44.62 \text{ kN}$。

在风压和风吸作用下的主框架受力简图分别如图 14-51 和图 14-52 所示。

2)验算结果

Ⅰ.N 字撑

由 MIDAS 验算结果(图 14-53 和图 14-54)可以看出,最大应力为 78.1 MPa,N 字撑方钢管截面为 40 mm × 40 mm × 4 mm,$A = bh - (b-2t)(h-2t) = 40 \times 40 - (40 - 2 \times 4) \times (40 - 2 \times 4) = 576 \text{ mm}^2$,$I_x = \dfrac{1}{12} bh^3 - \dfrac{1}{12}(b-2t)(h-2t)^3 = \dfrac{1}{12} \times$

$40^4 - \dfrac{1}{12} \times (40 - 2 \times 4)^4 = 125\,952 \text{ mm}^4 = I_y$,$i_x = \sqrt{\dfrac{I_x}{A}} = \sqrt{\dfrac{125\,952}{576}} = 14.78 \text{ mm} = i_y$,

$$\lambda_x = \frac{l}{i_x} = \frac{600}{14.78} = 40.6 = \lambda_y$$，查《建筑施工工具式脚手架安全技术规范》

（JGJ 202—2010）得 $\varphi = 0.882$，则 $78.1/0.882 = 88.54\ \text{MPa} < 205\ \text{MPa}$。因此 N 字撑强度满足要求。

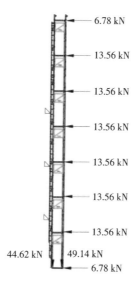

图 14-51　使用工况风压作用下荷载示意图

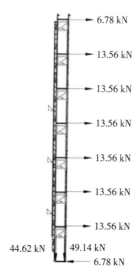

图 14-52　使用工况风吸作用下荷载示意图

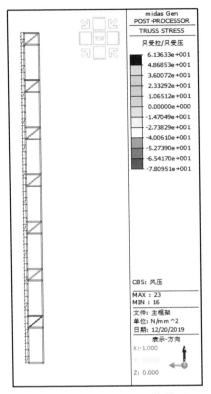

图 14-53　使用工况风压作用下
N 字撑应力（MPa）

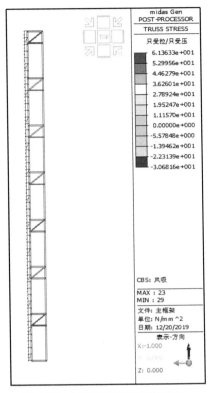

图 14-54　使用工况风吸作用下
N 字撑应力（MPa）

Ⅱ. 外立杆

由 MIDAS 验算结果（图 14-55 和图 14-56）可以看出，最大拉应力为 137.45 MPa < 205 MPa，最大压应力为 93.7 MPa，查表得 $\varphi = 0.544$。由于 93.7 MPa 中轴力产生的应力为 37.9 MPa，弯矩产生的应力为 55.8 MPa，37.9/0.544 + 55.8 = 125.5 MPa < 205 MPa。因此外立杆强度满足要求。

Ⅲ. 导轨

在使用工况下，导轨承担轴向荷载为

$$P = 1.3 \times (1.2 G_k + 1.4 Q_k) = 1.3 \times (1.2 \times 31.22 + 1.4 \times 2 \times 3 \times 0.65 \times 6)$$
$$= 91.3 \text{ kN}$$

承担水平风荷载为

$$q = 1.3 \times 1.4 \times 0.9 \times 0.69 \times 6 \times 2 = 13.56 \text{ kN}$$

通过结构力学求解器建立整个导轨的模型如图 14-57 所示。

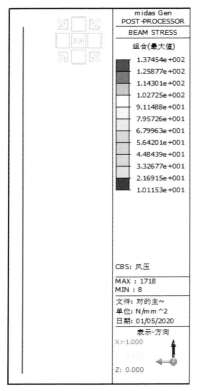

图 14-55　使用工况风压作用下
外立杆应力（MPa）

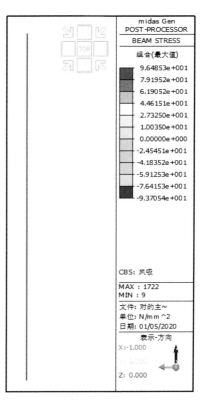

图 14-56　使用工况风吸作用下
外立杆应力（MPa）

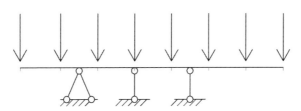

图 14-57　使用工况下风荷载作用及边界条件示意图

求得弯矩图如图 14-58 所示。

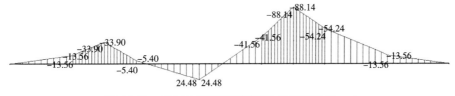

图 14-58　使用工况下风荷载产生的弯矩（kN·m）

考虑最不利情况时,导轨承担的压力和压应力分别为

$$N = 91.3 + 88.14 / 0.65 = 226.9 \text{ kN}$$

$$\sigma = \frac{N}{\varphi A} = \frac{226.9 \times 10^3}{0.839 \times 1\,747} = 154.8 \text{ N/mm}^2 < 205 \text{ N/mm}^2$$

因此导轨满足受压稳定要求。

使用工况下导轨变形如图 14-59 所示。

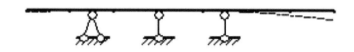

图 14-59　使用工况下导轨变形

由结构力学求解器计算结果,导轨发生的最大变形为 0.309 mm $< L/400 = 2\,000/400 = 5$ mm。因此导轨的刚度满足要求。

Ⅳ. 导轨与立杆连接螺栓验算

导轨和立杆之间通过 M16 螺栓连接,所有螺栓承担的剪力为

$$V = 1.2G_k + 1.4Q_k = 1.2 \times 31.22 + 1.4 \times 2 \times 3 \times 0.65 \times 6 = 70.22 \text{ kN}$$

考虑荷载不均匀系数 1.3,则 $V = 91.286 \text{ kN}$。

螺栓间距为 400 mm,每个导轨和立杆之间共 35 个螺栓,每个螺栓承担剪力为 2.61 kN。则螺栓的抗剪承载力设计值、承压承载力设计值和承载力分别为

$$N_v^b = n_v \frac{\pi d^2}{4} f_v^b = 1 \times \frac{3.14 \times 16^2}{4} \times 140 = 28.13 \text{ kN}$$

$$N_c^b = d \sum t f_c^b = 16 \times 2.75 \times 305 = 13.42 \text{ kN}$$

$$V = 2.61 \text{ kN} < N_{min}^b = \min\left\{N_v^b, N_c^b\right\} = 13.42 \text{ kN}$$

因此螺栓强度合格。

14.9.7　附着支座及吊点验算

1. 防坠装置验算

1)防坠梯杆强度验算

《建筑施工工具式脚手架安全技术规范》(JGJ 202—2010)中表 4.1.2-3 条规定:考虑在结构施工的使用工况下坠落,瞬间标准荷载为 3 kN/m²,作用层数为 2

层;考虑在装修施工的使用工况下坠落,瞬间标准荷载为 2 kN/m²,作用层数为 3 层。

《建筑施工工具式脚手架安全技术规范》(JGJ 202—2010)中 4.1.7 条规定, 全钢附着式升降脚手架在坠落工况下,其设计荷载应乘以附加荷载不均匀系数 2.0。

架体坠落荷载为

$$N = 2 \times (1.2G_k + 1.4Q_k) = 2 \times (1.2 \times 31.22 + 1.4 \times 2 \times 3 \times 0.65 \times 6) = 140.448 \, \text{kN}$$

《建筑施工工具式脚手架安全技术规范》(JGJ 202—2010)中 4.1.8 条规定: 每一附着支座均能承受该机位范围内的全部荷载的设计值,故防坠构件承担的 坠落荷载为 140.448 kN。

防坠小横杆使用 $\phi 32$ 圆钢,剪切面数量 $n = 2$。

防坠梯杆强度验算:

$$N_v^b = 2 \times \frac{\pi d^2}{4} f_v^b = 2 \times \frac{\pi \times 32^2}{4} \times 120 = 192.92 \, \text{kN} > 140.448 \, \text{kN}$$

因此防坠梯杆强度合格。

2)防坠梯杆焊缝验算

防坠梯杆采用焊接连接,焊缝所受剪应力为

$$\tau_f = \frac{V}{2l_w h_e} = \frac{140.448 \times 10^3}{2 \times \pi \times 32 \times 0.7 \times 8} = 124.8 \, \text{N/mm}^2 < f_f^w = 160 \, \text{N/mm}^2$$

因此防坠梯杆焊缝强度合格。

2. 附着支承装置验算

《建筑施工工具式脚手架安全技术规范》(JGJ 202—2010)中 4.1.8 条规定: 计算附着支承装置时,其设计荷载值应乘以冲击系数 2.0。

$$P_{坠落} = 2 \times (1.2G_k + 1.4Q_k) = 2 \times (1.2 \times 31.22 + 1.4 \times 23.4) = 140.448 \, \text{kN}$$

$$P_{外倾} = 2 \times 1.4 \times 0.69 \times 14 \times 6 = 162.288 \, \text{kN}$$

图 14-60 为附着支承装置结构示意图。

1)卸荷调节顶撑强度验算

卸荷调节顶撑采用 45 号钢材材质的钢棒,按照 M30 mm × 180 mm 圆钢验 算。则长细比为

$$\lambda = l / i = l / \sqrt{\frac{\pi d^4}{64} / \frac{\pi d^2}{4}} = 180 / \sqrt{39\,760.78 / 706.86} = 24$$

查《建筑施工工具式脚手架安全技术规范》(JGJ 202—2010)附表得稳定系

数为 0.936。则卸荷调节顶撑所受应力为

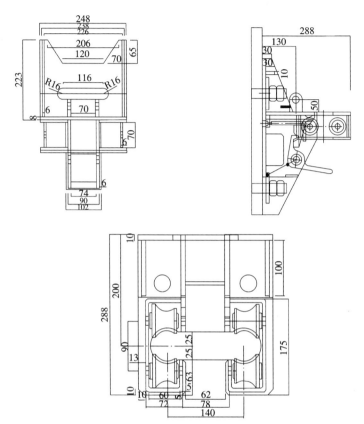

图 14-60   附着支承装置结构示意图

$$\sigma = \frac{N}{\varphi A} = \frac{140.448 \times 10^3}{0.936 \times 707} = 212.24 \text{ MPa} < 355 \text{ MPa}$$

因此卸荷调节顶撑受压稳定性合格。

2）卸荷调节顶撑与附着支座连接销轴验算

卸荷调节顶撑通过直径为 24 mm 的圆钢与厚度为 10 mm 的连接板连接，销轴材质为 45 号钢，连接板与附着支座通过满焊连接，螺栓承担剪力 140.448 kN，有两个剪切面。

$$N_v^b = 2 \times \frac{\pi d^2}{4} f_v^b = 2 \times \frac{\pi \times 24^2}{4} \times 178 = 160.97 \text{ kN} > 140.448 \text{ kN}$$

因此卸荷调节顶撑与附着支座连接销轴满足要求。

3）卸荷调节顶撑连接板焊缝验算

连接板与附着支座连接焊缝受力如图 14-61 所示，其承担剪力和轴力，焊脚尺寸为 10 mm。

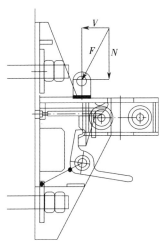

图 14-61　连接板与附着支座连接焊缝受力示意图

$N = F\cos 32° = 119 \text{ kN}$

$V = F\sin 32° = 74.43 \text{ kN}$

$$\sigma_f = \frac{N}{h_e l_w} = \frac{119 \times 10^3}{4 \times 0.7 \times 8 \times (40 \times 4 + 10 \times 8)} = 22.14 \text{ N/mm}^2$$

$$\tau_f = \frac{V}{h_e l_w} = \frac{74.43 \times 10^3}{4 \times 0.7 \times 8 \times (40 \times 4)} = 20.77 \text{ N/mm}^2$$

$$\sqrt{\left(\frac{\sigma_f}{\beta_f}\right)^2 + \tau_f^2} = \sqrt{\left(\frac{22.14}{1.22}\right)^2 + 20.77^2} = 27.6 \text{ N/mm}^2 < f_f^w = 160 \text{ N/mm}^2$$

因此卸荷调节顶撑连接板焊缝强度合格。

3. 防坠装置及限位装置验算

防坠装置（图 14-62）的材质为 45 号钢，承担架体坠落而产生的剪力 140.448 kN。

防坠装置的剪切面面积和所受剪应力分别为

$A = 45 \times 30 = 1\,350 \text{ mm}^2$

$$\tau = \frac{V}{A} = \frac{140.448 \times 10^3}{1\,350} = 104 \text{ MPa} < 178 \text{ MPa}$$

因此防坠装置抗剪强度满足要求。

防坠装置通过直径 26 mm 的销轴与支座连接,销轴承担剪力 140.448 kN,有两个剪切面。因此销轴承受剪应力为

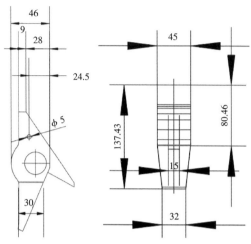

图 14-62   防坠装置示意图

$$\tau = \frac{V}{nA} = \frac{140.448 \times 10^3}{2 \times \pi \times \dfrac{26^2}{2}} = 66.17 \text{ MPa} < 178 \text{ MPa}$$

因此销轴抗剪强度满足要求。

焊缝承担剪力 140.448 kN,为两条圆焊缝,焊脚尺寸为 10 mm。因此焊缝承受剪应力为

$$\tau_{\text{f}} = \frac{V}{h_{\text{e}} l_{\text{w}}} = \frac{140.448 \times 10^3}{2 \times 0.7 \times 10 \times \pi \times 26} = 122.88 \text{ N/mm}^2 < f_{\text{f}}^{\text{w}} = 160 \text{ N/mm}^2$$

因此焊缝抗剪强度满足要求。

4. 防倾装置验算

每个附着支座设置了 4 个防倾导向轮(图 14-63),每个导向轮最小截面处直径为 38 mm。当架体受到风吸或者风压作用时,均有 2 个导向轮可以发挥作用,则每个导向轮受到的外倾剪力和剪应力分别为

$$N_{\text{v}} = P_{外倾} / 2 = 81.14 \text{ kN}$$

$$\tau_{\text{b}} = \frac{N_{\text{v}}}{n_{\text{v}} \pi \dfrac{d^2}{4}} = \frac{81.14 \times 10^3}{1 \times \pi \times \dfrac{38^2}{4}} = 71.6 \text{ N/mm}^2 \leqslant f_{\text{v}} = 120 \text{ N/mm}^2$$

因此防倾导向轮强度合格。

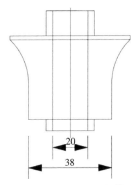

图 14-63　防倾导向轮

每个导向轮通过一个 M20 防倾导向轮轴与附着支座连接,导向轮轴承担剪力 $N_{\mathrm{v}} = 81.14\ \mathrm{kN}$。

$$\tau_{\mathrm{b}} = \frac{N_{\mathrm{v}}}{n_{\mathrm{v}} \pi \dfrac{d^2}{4}} = \frac{81.14 \times 10^3}{2 \times \pi \times \dfrac{20^2}{4}} = 129.14\ \mathrm{N/mm}^2 < f_{\mathrm{v}}^{\mathrm{b}} = 130\ \mathrm{N/mm}^2$$

因此防倾导向轮轴强度合格。

防倾装置与支座通过 4 个 M20 的螺栓连接,每个螺栓的抗剪承载力设计值、抗压承载力设计值和承载力分别为

$$N_{\mathrm{v}}^{\mathrm{b}} = \frac{\pi d^2}{4} f_{\mathrm{v}}^{\mathrm{b}} = \frac{\pi \times 20^2}{4} \times 140 = 43.96\ \mathrm{kN}$$

$$N_{\mathrm{c}}^{\mathrm{b}} = d \sum t f_{\mathrm{c}}^{\mathrm{b}} = 20 \times 8 \times 305 = 48.8\ \mathrm{kN}$$

$$V = 162.288\ /\ 4 = 40.572\ \mathrm{kN} < N_{\mathrm{min}}^{\mathrm{b}} = \min\left\{N_{\mathrm{v}}^{\mathrm{b}}, N_{\mathrm{c}}^{\mathrm{b}}\right\} = 43.96\ \mathrm{kN}$$

因此防倾装置与支座连接螺栓强度合格。

5. 附着螺栓及螺栓孔处混凝土强度验算

螺杆直径 $d_{螺} = 30\ \mathrm{mm}$,螺栓数量 $n_{螺} = 2$。

一根螺栓所承受的剪力为

$$N_{\mathrm{v}} = 140.448\ /\ 2 = 70.224\ \mathrm{kN}$$

一根螺栓所承受的拉力为

$$N_{\mathrm{t}} = 140.448\ /\ 2 \times 125\ /\ 150 + 5 = 63.52\ \mathrm{kN}$$

抗剪承载力设计值为

$$N_{\mathrm{v}}^{\mathrm{b}} = \frac{\pi d_{螺}^2}{4} f_{\mathrm{v}}^{\mathrm{b}} = \frac{\pi \times 30^2}{4} \times 140 = 98.91\ \mathrm{kN}$$

抗拉承载力设计值为

$$N_{\mathrm{t}}^{\mathrm{b}} = A_{\mathrm{e}} f_{\mathrm{t}}^{\mathrm{b}} = 561 \times 170 = 95.37\ \mathrm{kN}$$

计算得到:

$$\sqrt{\left(\frac{N_\mathrm{v}}{N_\mathrm{v}^\mathrm{b}}\right)^2+\left(\frac{N_\mathrm{t}}{N_\mathrm{t}^\mathrm{b}}\right)^2}=\sqrt{\left(\frac{70.224}{98.91}\right)^2+\left(\frac{63.52}{95.37}\right)^2}=0.97<1$$

因此附着螺栓强度合格。

附着螺栓孔处混凝土局部承压承载力为

$$N_\mathrm{vb}=1.35\beta_\mathrm{b}\beta_\mathrm{l}f_\mathrm{c}bd=1.35\times0.39\times1.73\times14.3\times200\times30\times10^{-3}=78.15\ \mathrm{kN}$$

一根穿墙螺栓所承受的剪力 $N_\mathrm{v}=70.224\ \mathrm{kN}<78.15\ \mathrm{kN}$。

因此混凝土局部承压强度合格。

6. 临时拉结点验算

临时拉结点(图 14-64)做法:在施工层顶板预埋地锚;在架体 N 字撑处设置水平连接主框架的 $\phi48.3\ \mathrm{mm}\times3.6\ \mathrm{mm}$ 钢管;每间隔 4 m 设置一个临时拉结点,拉结点杆件长度为 2 995 mm。

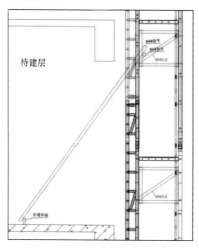

图 14-64 临时拉结点示意图

架体最大外倾力由使用工况下的风荷载产生,$q_{\text{外倾}}=1.4\times0.69\times4=3.864\ \mathrm{kN/m}$。

架体悬臂端受到的风荷载均由临时拉结点承担,则临时拉结点承担的力为 $3.864\times5=19.32\ \mathrm{kN}$。

在验算组成拉结点的钢管构件时,最不利工况为风压作用,此时钢管受压。

钢管承担的轴向压力为 $19.32\ \mathrm{kN}$,

$$A=\frac{1}{4}\pi d^2-\frac{1}{4}\pi(d-2t)^2=\frac{1}{4}\pi\times48.3^2-\frac{1}{4}\pi\times(48.3-2\times3.6)^2=505.55\ \mathrm{mm}^2$$

$$I=\frac{1}{64}\pi d^4-\frac{1}{64}\pi(d-2t)^4=127\ 020.1\ \mathrm{mm}^4$$

$$i = \sqrt{\frac{I}{A}} = \sqrt{\frac{127\,020.1}{505.55}} = 15.85 \text{ mm}$$

$$\lambda = \frac{l}{i} = \frac{2\,995}{15.85} = 189$$

查《建筑施工工具式脚手架安全技术规范》(JGJ 202—2010)附表,得稳定系数为 0.201。则临时拉结点钢管所受压应力为

$$\sigma = \frac{N}{\varphi A} = \frac{19.32 \times 10^3}{0.201 \times 505.55} = 190.13 \text{ N/mm}^2 < 215 \text{ N/mm}^2$$

因此临时拉结点满足要求。

7. 提升设备验算

根据《建筑施工工具式脚手架安全技术规范》(JGJ 202—2010)中 4.1.7 条的规定,应按升降工况一个机位范围内的总荷载乘荷载不均匀系数 2 选取荷载设计值。

升降工况荷载 $T = 2 \times (31.22 + 3 \times 0.65 \times 6 \times 0.5) = 74.14 \text{ kN}$。

提升设备为环链电动葫芦,提升能力为 75 kN,$N_s = 74.14 \text{ kN} < N_c = 75 \text{ kN}$,提升设备合格。

8. 吊挂件验算

图 14-65 为吊挂件示意图。

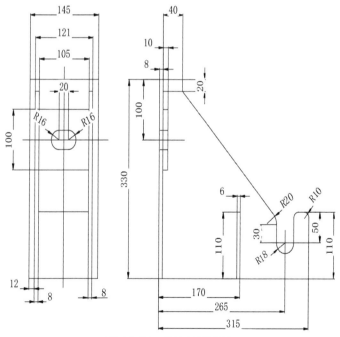

图 14-65　吊挂件示意图

设备提升荷载设计值 $q_{提设} = 2 \times (1.2G_k + 1.4Q_{k3}) = 91.3$ kN，每个吊挂件承担的荷载设计值 $q = 91.3$ kN。

1）连接螺栓强度验算

吊点与环链通过 1 个 M30 普通螺栓连接，单个螺栓的抗剪承载力设计值、承压承载力设计值和承载力分别为

$$N_v^b = n_v \frac{\pi d^2}{4} f_v^b = 2 \times \frac{\pi \times 30^2}{4} \times 140 = 197.82 \text{ kN}$$

$$N_c^b = d \sum t f_c^b = 30 \times (8 + 8) \times 305 = 146.4 \text{ kN}$$

$$V = 91.3 \text{ kN} < N_{min}^b = \min\left\{N_v^b, N_c^b\right\} = 146.4 \text{ kN}$$

因此吊点处连接螺栓强度合格。

吊挂件与建筑物通过 2 个 M30 普通螺栓连接，螺栓间距为 120 mm。

螺栓承担剪力和弯矩产生的剪力和拉力如下：

$$N_v = 91.3 / 2 = 45.65 \text{ kN}$$

$$N_t = 91.3 \times 0.265 / 0.31 = 78.05 \text{ kN}$$

抗剪承载力设计值 $N_v^b = 98.96$ kN。

抗拉承载力设计值 $N_t^b = 95.37$ kN。

计算得到：

$$\sqrt{\left(\frac{N_v}{N_v^b}\right)^2 + \left(\frac{N_t}{N_t^b}\right)^2} = \sqrt{\left(\frac{45.65}{98.96}\right)^2 + \left(\frac{78.05}{95.37}\right)^2} = 0.94 < 1$$

因此吊挂件与建筑物连接螺栓强度合格。

2）焊缝强度计算

吊挂件采用 Q235 材质 10 mm 厚钢板焊接而成，背板采用一块 330 mm × 145 mm × 10 mm 的钢板，背板与两块钢板进行满焊焊接。则焊缝承受的拉应力和剪应力分别为

$$\sigma_f = \frac{6M}{2h_e l_w^2} = \frac{6 \times 23.88 \times 10^6}{2 \times 4 \times 0.7 \times 3.6 \times (310 - 2 \times 6)^2} = 80 \text{ N/mm}^2 < \beta_f f_f^w = 195.2 \text{ N/mm}^2$$

$$\tau_f = \frac{V}{h_e l_w} = \frac{91.3 \times 10^3}{4 \times 0.7 \times 6 \times (310 - 2 \times 6)} = 18.24 \text{ N/mm}^2 < f_f^w = 160 \text{ N/mm}^2$$

$$\sqrt{\left(\frac{\sigma_f}{\beta_f}\right)^2 + \tau_f^2} = \sqrt{\left(\frac{80}{1.22}\right)^2 + 18.24^2} = 68.1 \text{ N/mm}^2 \leqslant f_f^w = 160 \text{ N/mm}^2$$

因此焊缝强度合格。

9. 吊点桁架验算

吊点桁架（图 14-66）使用 50 mm×30 mm×4 mm 方管作连接杆和斜杆及横杆，采用 50 mm×50 mm×4 mm 方管作立杆，采用 10 mm 厚的钢板作夹板，立杆加强板为 50 mm×50 mm×10 mm 钢板，焊缝均为满焊，焊缝高度为母材厚度的 1.2 倍或 6 mm。

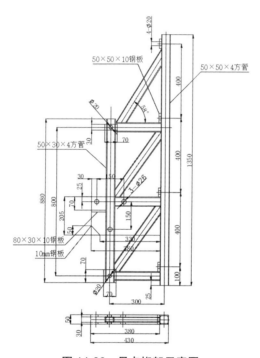

图 14-66　吊点桁架示意图

1）吊点桁架与吊点及导轨连接螺栓验算

吊点桁架与上吊点和下吊点均通过 3 个 M24 普通螺栓连接，吊点承担的力 $F=2\times(1.2G_k+1.4Q_k)=91.3\ \text{kN}$，则每个螺栓的抗剪承载力设计值、承压承载力设计值和抗剪承载力分别为

$$N_v^b=\frac{\pi d^2}{4}f_v^b=\frac{\pi\times 24^2}{4}\times 140=63.30\ \text{kN}$$

$$N_c^b=d\sum t f_c^b=24\times 10\times 305=73.2\ \text{kN}$$

$$N_v=91.3/3=30.43\ \text{kN}<N_{min}^b=\min\left\{N_v^b,N_c^b\right\}=63.30\ \text{kN}$$

因此螺栓强度合格。

吊点桁架与导轨通过 4 个 M16 普通螺栓连接。则每个螺栓抗剪承载力设

计值、承压承载力设计值和抗剪承载力分别为

$$N_{\mathrm{v}}^{\mathrm{b}} = \frac{\pi d^2}{4} f_{\mathrm{v}}^{\mathrm{b}} = \frac{\pi \times 16^2}{4} \times 140 = 28.13 \ \mathrm{kN}$$

$$N_{\mathrm{c}}^{\mathrm{b}} = d \sum t f_{\mathrm{c}}^{\mathrm{b}} = 16 \times 8 \times 305 = 39.04 \ \mathrm{kN}$$

$$N_{\mathrm{v}} = 91.3/4 = 22.825 \ \mathrm{kN} < N_{\mathrm{min}}^{\mathrm{b}} = \min \left\{ N_{\mathrm{v}}^{\mathrm{b}}, N_{\mathrm{c}}^{\mathrm{b}} \right\} = 28.13 \ \mathrm{kN}$$

因此螺栓强度合格。

2）吊点桁架各杆件验算

吊点桁架杆件截面编号如图 14-67 所示。吊点桁架杆件截面信息见表 14-11。

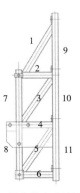

图 14-67　吊点桁架杆件截面编号

表 14-11　吊点桁架杆件截面信息

杆件号	规格	材料	杆件号	规格	材料
1~8	50 mm × 30 mm × 4 mm 矩形钢管	Q235	9~11	50 mm × 50 mm × 4 mm 方钢管	Q235

通过 MIDAS 建立吊点桁架计算模型,杆件轴力及应力验算结果如图 14-68 所示。

由图 14-68（b）可知,吊点桁架最大应力为 88.8 MPa,为压应力,对应杆件截面为 50 mm × 30 mm × 4 mm,

$$A = 50 \times 30 - (50 - 2 \times 4) \times (30 - 2 \times 4) = 576 \ \mathrm{mm}^2$$

$$I_x = \frac{1}{12} bh^3 - \frac{1}{12}(b-2t)(h-2t)^3 = \frac{1}{12} \times 50 \times 30^3 - \frac{1}{12} \times (50 - 2 \times 4)$$
$$\times (30 - 2 \times 4)^3 = 75 \ 232 \ \mathrm{mm}^4$$

$$I_y = \frac{1}{12}hb^3 - \frac{1}{12}(h-2t)(b-2t)^3 = \frac{1}{12} \times 30 \times 50^3 - \frac{1}{12} \times (30-2 \times 4)$$

$$\times (50-2 \times 4)^3 = 176\,672 \text{ mm}^4$$

$$i_x = \sqrt{\frac{I_x}{A}} = \sqrt{\frac{75\,232}{576}} = 11.43$$

$$i_y = \sqrt{\frac{I_y}{A}} = \sqrt{\frac{176\,672}{576}} = 17.51$$

$$\lambda_x = \frac{l}{i_x} = \frac{500}{11.43} = 43.75$$

$$\lambda_y = \frac{l}{i_y} = \frac{500}{17.51} = 28.56$$

由 λ_x 考虑此杆件长细比为 $\lambda = l/i = 500/\sqrt{75\,232/576} = 43.75$，查《建筑施工工具式脚手架安全技术规范》（JGJ 202—2010）附表得稳定系数为 0.872，则 88.8/0.872=101.8 MPa<215 MPa。因此吊点桁架强度合格。

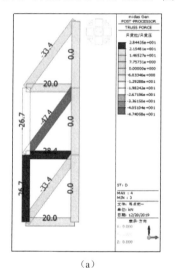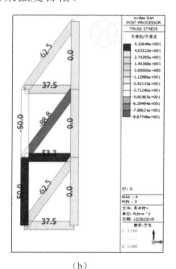

（a）　　　　　　　　　　　　　　（b）

图 14-68　吊点桁架杆件受力验算结果

（a）轴力（kN）　（b）应力（MPa）

根据应力比验算结果（图 14-69），最大应力比约为 0.55<1，同样说明吊点桁架强度合格。

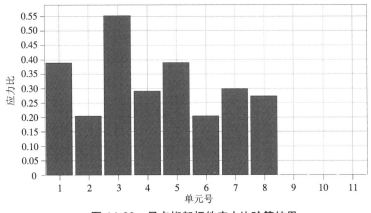

图 14-69　吊点桁架杆件应力比验算结果

图 14-70 为吊点桁架杆件变形计算结果,可见最大变形为 0.337 mm < L/150 = 2 mm。因此吊点桁架的刚度合格。

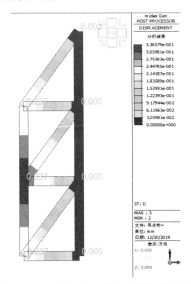

图 14-70　吊点桁架杆件变形计算结果

10. 吊点验算

1)上吊点验算

图 14-71 为上吊点结构示意图。

上吊点与电动葫芦通过 ϕ30 mm × 100B 型销轴连接,销轴承担的剪力为

$$V = 2 \times (1.2G_k + 1.4Q_k) = 2 \times (1.2 \times 31.22 + 1.4 \times 5.85) = 91.3 \text{ kN}$$

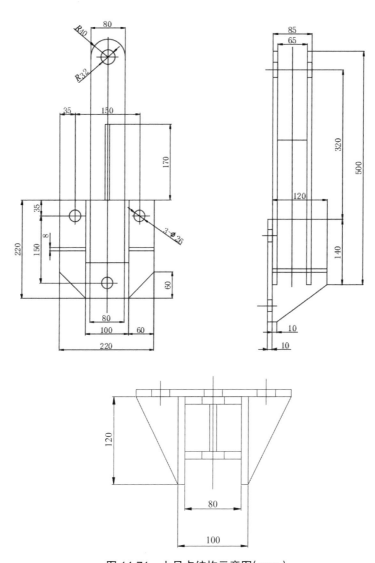

图 14-71　上吊点结构示意图(mm)

销轴孔壁承压强度的验算公式如下:

$$\sigma_{\text{c}} = \frac{V}{dt} = \frac{91.3 \times 10^3}{30 \times 20} = 152.2 \text{ N/mm}^2 < f_{\text{c}}^{\text{b}} = 305 \text{ N/mm}^2$$

销轴抗剪强度的验算公式如下:

$$\tau_{\text{b}} = \frac{V}{n_{\text{v}} \pi \dfrac{d^2}{4}} = \frac{91.3 \times 10^3}{2 \times \pi \times \dfrac{30^2}{4}} = 64.6 \text{ N/mm}^2 < f_{\text{v}}^{\text{b}} = 130 \text{ N/mm}^2$$

因此销轴强度合格。

对图 14-72 所示焊缝进行验算，单条焊缝承担剪力 $V = 91.3/2 = 45.65\ \text{kN}$，焊缝高度为 8 mm。则焊缝承担的剪应力为

$$\tau_{\text{f}} = \frac{V}{h_{\text{e}}l_{\text{w}}} = \frac{45.65\times10^3}{0.7\times8\times(140-8)\times4} = 15.44\ \text{N/mm}^2 < f_{\text{f}}^{\text{w}} = 160\ \text{N/mm}^2$$

因此焊缝强度合格。

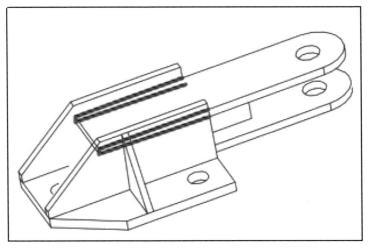

图 14-72　上吊点焊缝验算示意图

2）上吊点有限元校核

采用通用有限元分析软件 ABAQUS 进行上吊点构件的强度及稳定性计算。考虑材料非线性与几何非线性，选择 ABAQUS/Standard 类型的求解器进行求解。

钢材的设计强度 $f = 215\ \text{N/mm}^2$，弹性模量为 206 000 N/mm²，泊松比为 0.3。本构关系为理想弹塑性，采用 Mises 屈服准则。利用实体单元建模，使用八节点六面体（C3D8）单元划分网格，如图 14-73 所示。根据实际情况设置边界条件，再根据实际受力情况施加载荷，如图 14-74 所示。

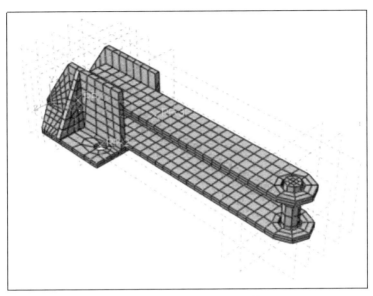

图 14-73　上吊点模型及网格

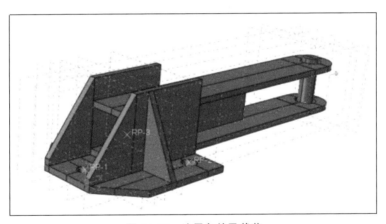

图 14-74　边界条件及载荷

　　由 Mises 应力云图（图 14-75）可知,应力最大值为 197 MPa,集中于螺栓孔壁处,小于 Q235 钢材强度设计值。因此上吊点构件的强度满足要求。

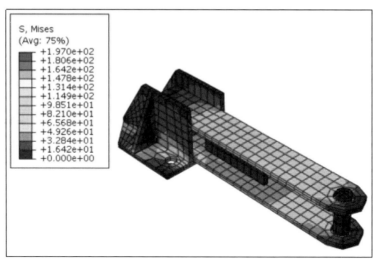

图 14-75　上吊点 Mises 应力云图

根据构件位移云图（图 14-76）可知，上吊点构件的最大变形为 0.955 mm，发生在螺栓孔壁处，变形量较小，说明构件刚度良好。

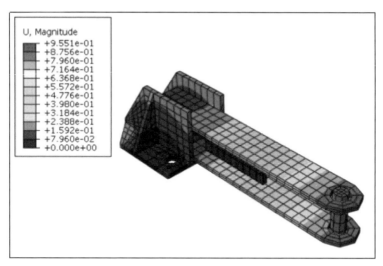

图 14-76　上吊点位移云图

3）下吊点验算

图 14-77 为下吊点结构示意图。

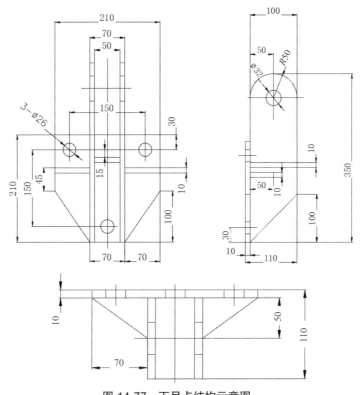

图 14-77　下吊点结构示意图

下吊点与电动葫芦通过直径 30 mm 的销轴连接,销轴承担的剪力为

$$V = 2 \times (1.2G_k + 1.4Q_k) = 2 \times (1.2 \times 31.22 + 1.4 \times 5.85) = 91.3 \text{ kN}$$

Ⅰ.销轴孔壁承压强度的验算公式如下:

$$\sigma_c = \frac{V}{dt} = \frac{91.3 \times 10^3}{30 \times 20} = 152.2 \text{ N/mm}^2 < f_c^b = 305 \text{ N/mm}^2$$

Ⅱ.销轴抗剪强度的验算公式如下:

$$\tau_b = \frac{V}{n_v \pi \dfrac{d^2}{4}} = \frac{91.3 \times 10^3}{2 \times \pi \times \dfrac{30^2}{4}} = 64.6 \text{ N/mm}^2 \leqslant f_v^b = 130 \text{ N/mm}^2$$

因此销轴强度合格。

对图 14-78 所示焊缝进行验算,仅考虑竖向焊缝承担剪力 $V = 91.3$ kN,焊缝高度为 8 mm。

$$\tau_f = \frac{V}{h_e l_w} = \frac{91.3 \times 10^3}{0.7 \times 8 \times (210 - 10 - 2 \times 8) \times 4} = 22.15 \text{ N/mm}^2$$

$$< f_f^w = 160 \text{ N/mm}^2$$

因此焊缝强度合格。

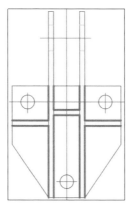

图 14-78　下吊点焊缝示意图

4）下吊点有限元校核

采用通用有限元分析软件 ABAQUS 进行下吊点构件的强度及稳定计算。考虑材料非线性与几何非线性，选择 ABAQUS/Standard 类型的求解器进行求解。

钢材的设计强度 $f = 215$ N/mm^2，弹性模量为 206 000 N/mm^2，泊松比为 0.3。本构关系为理想弹塑性，采用 Mises 屈服准则。利用实体单元建模，使用八节点六面体（C3D8）单元划分网格，如图 14-79 所示。根据实际情况设置边界条件，再根据实际受力情况施加载荷，如图 14-80 所示。

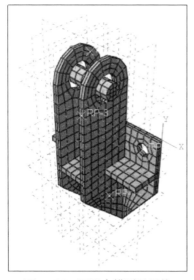

图 14-79　下吊点模型及网格

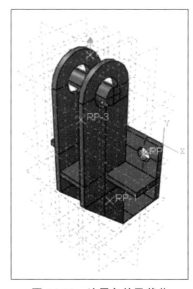

图 14-80　边界条件及载荷

由 Mises 应力云图（图 14-81）可知，应力最大为 209.6 MPa，集中于螺栓孔壁处，小于 Q235 钢材强度设计值。因此下吊点构件的强度满足要求。

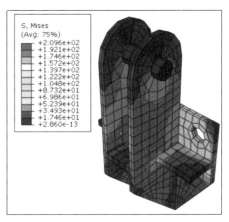

图 14-81　下吊点 Mises 应力云图

由构件的位移云图（图 14-82）可知，下吊点构件最大变形为 0.51 mm，发生在螺栓孔壁处，变形量较小，说明构件刚度良好。

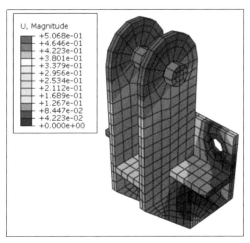

图 14-82　下吊点位移云图

参 考 文 献

[1] 中华人民共和国住房和城乡建设部. 建筑结构荷载规范：GB 50009—2012[S]. 北京：中国建筑工业出版社, 2012.

[2] 中华人民共和国住房和城乡建设部. 钢结构设计标准：GB 50017—2017[S]. 北京：中国建筑工业出版社, 2017.

[3] 中华人民共和国住房和城乡建设部. 建筑施工工具式脚手架安全技术规范：JGJ 202—2010[S]. 北京：中国建筑工业出版社, 2010.

[4] 中华人民共和国住房和城乡建设部. 建筑施工用附着式升降作业安全防护平台：JG/T 546—2019[S]. 北京：中国标准出版社, 2019.

[5] 中华人民共和国建设部. 冷弯薄壁型钢结构技术规范：GB 50018—2002[S]. 北京：中国计划出版社, 2002.

[6] 王峰, 温雪兵, 郭玉增, 等. 常用附着式升降脚手架的类型和特点[J]. 建筑机械化, 2016, 37（6）：28-30, 61.

[7] 吴程晨. 附着式升降脚手架发展现状及其安全可靠性分析[J]. 中国设备工程, 2020（1）：69-71.

[8] 王峰, 温雪兵, 张淼, 等. 国内建筑施工工具式脚手架的发展[J]. 中国建筑金属结构, 2016（6）：58-59.

[9] 岳峰, 袁勇, 李国强, 等. 高层建筑附着升降脚手架风洞实验研究[J]. 同济大学学报（自然科学版）, 2001（10）：1220-1224.

[10] 李国强, 岳峰, 袁勇, 等. 高层建筑附着升降脚手架风振系数研究[J]. 地震工程与工程振动, 2004, 24（5）：62-67.

[11] 岳峰, 李国强, 袁勇, 等. 高层建筑附着升降脚手架风荷载的计算（上）[J]. 建筑技术, 2004, 35（8）：590-593.

[12] 岳峰, 李国强, 袁勇, 等. 高层建筑附着升降脚手架风荷载的计算（下）[J]. 建筑技术, 2004, 35（9）：696-698.

[13] 杨志云. 附着式升降脚手架风振响应分析[D]. 兰州：兰州理工大学, 2017.

[14] 董璇. 导轨式附着升降脚手架在高层建筑施工中的应用[J]. 铁道建筑技术, 2007（s1）：197-199.

[15] 贺瑞锋, 徐彦锋. 附着式升降脚手架在工程实践中的应用[M]// 河南省土

木建筑学会.土木建筑学术文库(第 7 卷).上海:同济大学出版社,2007:223-225.

[16] 李会良.附着式升降脚手架在高层建筑施工中的应用研究[D].西安:长安大学,2010.

[17] 杜冬莉.附着式升降脚手架在建筑施工中的技术应用及安全管理[J].绿色环保建材,2019(11):128,131.

[18] 段玉诚,杨宗祥,苏玉德.JWP 型附着式升降脚手架在高层建筑施工中的应用[J].施工技术,2016,45(9):13-16.

[19] 陈胜坤,陈程.附着升降脚手架防坠落系统初探[J].四川建材,2017,43(10):124-125.

[20] 王峰,温雪兵,张淼.简析建筑施工附着式升降脚手架的防坠落装置[J].中国建筑金属结构,2015(6):76-78.

[21] 刘晓旭,马治民,赵明,等.支座形式对附着式升降脚手架影响分析[J].施工技术,2017,46(18):70-73.

[22] 陈亚菊,陈世教.装配型附着式升降脚手架的构造措施 [J].建筑机械,2020(4):50-52.

[23] 朱正权.导座式升降脚手架爬升过程中动力响应分析研究[D].合肥:安徽建筑大学,2016.

[24] 周印堂,马治民,赵明,等.附着升降脚手架的精细化模拟[J].工业建筑,2017,47(S1):479-484.

[25] 李秋生,白欣.附着式升降脚手架的受力分析与有限元分析[J].科技创新与应用,2016(9):33-35.

[26] 胡世军,杨志云,望扬.附着式升降脚手架在不同工况下的模态分析[J].安徽理工大学学报(自然科学版),2017,37(4):36-38.

[27] 岳伟保,赵守方.建筑施工附着升降脚手架的设计计算分析[J].山西建筑,2006,32(14):121-122.

[28] 徐洪广,吴腾,郑守,等.智能附着式升降脚手架竖直主框架结构设计[J].建材与装饰,2016(28):122-123.

[29] 胡隆德.智能化附着式升降脚手架施工过程中的静动力学分析[D].兰州:兰州理工大学,2018.

[30] 赵飞.超高层建筑附着升降脚手架施工技术性能研究[D].上海:同济大学,2008.

[31] 任彤,王雄雄.附着式升降脚手架技术总结[J].四川水泥,2019(10):145.